办公空间
设计分析与应用（第三版）

黎志伟　林学明　编著

普通高等教育 **艺术设计**类
"十二五" 规划教材·环境设计专业

中国水利水电出版社
www.waterpub.com.cn
·北京·

内 容 提 要

本教材分为两篇，第1篇设计因素，介绍了办公空间设计中涉及的基本因素，包括：办公空间概述、办公空间设计现场考察与调研、办公空间设计的前提与思考、办公空间功能与形式设计；第2篇设计分析，通过大量的设计实例对设计应用进行分析，包括：大型办公空间设计实施案例、中小型办公空间设计实施案例，以及节能、LOFT、绿色、模块化办公空间设计实施案例。全书图文并茂，内容丰富而实用，力图结合办公空间设计的特点，理论与实践结合，使读者能更好地掌握办公空间设计的要点与方法。

本教材还根据教材的使用特点，在思考练习题设定方面，采用贯穿全书从浅入深完成一套设计方案的做法，为解决以往学生在设计练习中只做"乙方"的局限，本书创新地开展了同学间互为"甲方乙方"的练习方法。

本教材可作为普通院校环境设计、室内设计、建筑设计等专业相关课程用书，也可作为高等职业技术教育艺术设计专业用书，还可作为企业培训辅导用书及设计专业人员的参考读物。

图书在版编目（CIP）数据

办公空间设计分析与应用 / 黎志伟，林学明编著
. -- 3版. -- 北京：中国水利水电出版社，2014.1（2021.8重印）
普通高等教育艺术设计类"十二五"规划教材. 环境设计专业
 ISBN 978-7-5170-1502-4

Ⅰ．①办… Ⅱ．①黎… ②林… Ⅲ．①办公室－室内装饰设计－空间设计－高等学校－教材 Ⅳ．①TU243

中国版本图书馆CIP数据核字(2013)第321840号

书　　名	普通高等教育艺术设计类"十二五"规划教材·环境设计专业 **办公空间设计分析与应用（第三版）**
作　　者	黎志伟　林学明　编著
出版发行	中国水利水电出版社 （北京市海淀区玉渊潭南路1号D座　100038） 网址：www.waterpub.com.cn E-mail：sales@waterpub.com.cn 电话：（010）68367658（营销中心）
经　　售	北京科水图书销售中心（零售） 电话：（010）88383994、63202643、68545874 全国各地新华书店和相关出版物销售网点
排　　版	北京时代澄宇科技有限公司
印　　刷	清淞永业（天津）印刷有限公司
规　　格	210mm×285mm　16开本　7.25印张　210千字
版　　次	2010年3月第1版　　2010年3月第1次印刷 2014年1月第3版　　2021年8月第3次印刷
印　　数	6001—8000册
定　　价	38.00元

凡购买我社图书，如有缺页、倒页、脱页的，本社营销中心负责调换

前　言

　　本书 2010 年作为"设计专业实践指导丛书"中的一本发行第一版，已被部分高校老师指定为教学用书或教学参考书。在 2012 年发行第二版，受到更多高校老师的选用和喜欢，在此，我们对使用和阅读本书的师生和朋友们表示诚挚感谢！

　　现在本书第三版作为正式教材发行，我们在第二版的基础上，在第 1 章 1.3 节增加了"模块化办公室"的论述介绍和图例 3 幅，第 1 章 1.4 节增加了"办公空间设计的发展趋势"，在第 6 章增加了"艺术设计个人工作室"实施案例和图例 13 幅，在第 7 章增加了"模块化办公空间"实施案例和图例 15 幅，以使本书进一步完善。

　　国内室内装修较普遍的问题是：设计构思、效果图、施工技术可能都可以做到一流，但实施完成后就只能是二三流了。

　　究其原因：可能是我们的文化传统就有"劳心者治人，劳力者治于人"和"君子动口而不动手"的倾向；我们的普通教育模式从高中就人为分成文、理的教育，所谓艺术教育更只是拘泥于课时极少的画图画和唱歌的所谓美术课与音乐课，其中如果有美术爱好的学生就只好就读专门的美术高中，其文化课又会大打"折扣"。因此，即使是优秀的高等专业院校，在此生源基础上培养出来的设计专业人才，能具备文、理和艺术较全面素养的确实不多，"能动口又动手"的就更少了，而懂设计并了解实施和使用的则更是少之又少。

　　但设计如果要实施和使用，却又不能不包含文、理、艺术三者的理论与实践的比较全面的结合与运用，更要从宏观到细节的全面贯彻与落实。

　　办公空间属于室内空间的一部分，其设计与室内空间设计有相当多的共同点，目前关于室内设计的教材已

经很多，就是办公空间设计的教材，已经出版的也有好几本，但基本都是或偏于理论或偏于罗列图片，两者较好结合的几乎没有。

我们也绝非什么全面的人才，但有幸多年来分别在创建高校的艺术设计系、从事教学和设计实践，创建广东地区较早的设计公司，并使其成为最有影响力的公司之一等活动的过程中，积累了一定的教学与设计的经验、资料及源于实践的理论。同时，作为"中国环艺学年奖"专家评委和特邀的专家，编者每年能接触全国参赛的优秀办公空间类的毕业设计作品，对目前全国主要设计院校的办公空间设计教育方式与水平有一定的了解。在此，我们希望能有针对性地写就一本简单易读、理论结合实践、图文并茂、并尽量在该设计的宏观和细节方面均有所延伸的教材，同时根据教材的使用特点，在思考练习题设定方面，采用贯穿全书由浅入深完成整套设计方案的做法。为解决以往学生在设计练习中只做"乙方"的局限和"动手不动口"的问题，我们创新地改为同学间互为"甲乙方"的做法，实践证明：这样不仅可以增加学生的学习兴趣，还可以使其对设计的客观性有一定体会和更多了解，并可以在"甲乙方"的沟通和辩论中练习和提高"动口"的能力。

书中仍有不足乃至错谬之处，谨请广大读者、专家继续不吝指正。

本教材的部分图片和案例由广东集美设计工程公司提供，在此也一并致谢！

编者

2013年12月于广州

目 录

第2篇　设计分析

第 1 篇 设计因素
Design Factors

第 1 章　办公空间概述

办公空间产生于人类组织管理的需要，只要有统治、领导和管理的人，就同时要有其办公用的场所。最初的办公场所也许是在洞穴、茅棚、土房或帐篷，虽然简陋但都应算是办公空间的雏形了。随着社会的发展和国家的诞生，其管理机构便应运而生。在中国，上至皇宫和各部院，下至衙门和各种分派机构，都各有其处理政务和事务的场所，这就是中国古代的办公空间。从古建筑中可以看到，这时候的办公空间往往是官邸式的，即住宅与办公场所同建一处，所谓"前堂后室"或"前堂后寝"。古代帝王、官僚要维护自己的尊严、发号施令或同下属商议政事，在堂（类似现在的厅）正襟危坐（见图 1-1）；而处理文件则在书房进行，再进里屋则是私人居住之所。这已类似现在办公空间中的会议室、办公室和休息室了。就人类的共通性看，国外的情况也相近，只是组合方式与名称不同罢了（见图 1-2 和图 1-3）。

后来，随着社会和生产的发展以及城市的扩大，人越来越多也越来越集中，其政务、军务、商务和生产管理的

图 1-1　中国故宫中和殿，其中"允执厥中"匾为清乾隆御笔

图 1-2　法国凡尔赛宫的会议室

图 1-3　绘画：《办公室中的拿破仑》[绘制：雅克·路易·大卫（Jacques Louis David 1748—1825）]

图1-4　1985年落成的香港汇丰银行底层空间（建筑设计：Norman Foster Associates）

图1-5　1985年落成的香港汇丰银行大厅（建筑设计：Norman Foster Associates）

图1-6　2009年3月15日，奥巴马和"美国第一犬——波"在总统府东走廊一起奔跑（这天是"波"第一天来到美国总统家）（Official White House，摄影：Pete Souza）

工作也越来越繁忙，其工作的机构越来越庞大，这就需要更高的办事效率，于是就渐渐产生了现代概念的办公空间。另外，现代政务、军务、事务、商务和生产相互之间以其内部之间的联系也越来越紧密和频繁，于是各单位和机构就有了协调办公的需要，因为这是提高办公效率的最好办法，要做到这点，便要有较统一的办公时间和相对集中的办公地点，随之就出现了相对集中的行政区、商务区和工作区（见图1-4～图1-8）。

人们对生活空间与环境要求的提高是办公区与生活区分开的动力，交通与通信设施的发展使这种分开成为可能。但随着通信和网络的发展，某些职业的人们（如设计、IT等）又逐渐回归到自己的住所办公了，因为从人性化的角

图 1-7　奥巴马在办公室(Official White House)（摄影：Pete Souza）

图 1-8　1945～1949 年蒋介石在南京的办公室（摄影：黎志伟）

度而言，其轻松与舒服感是任何公共办公空间所无法比拟的，这也预示了现代公共办公空间设计将来的发展方向之一，必定是如何更加人性化。与其矛盾的是：整齐的环境和服饰可以塑造比较有力的单位形象，但失去的必然是舒服感和人性化。设计师的任务之一就是在特定的时空，在这两者之间找到最佳的结合点。

办公空间的形式是随时间变化而变化的。本教材所研究与讨论的，只是在目前阶段还普遍存在和流行的，即通常设立在行政区、商业区或企业内，若干人在一个单位共事，并共同使用一处的办公空间。

1.1　办公空间的功能

你也许是领导或老板，也许是干部或普通的办公人员，当你进入办公空间时，首先会对空间和环境有一种感观印象：它也许是宽敞明亮、精致整然，但也许是华而不

实、庸俗杂乱……，这马上会影响你的心情和思绪，甚至会影响到你的感情和思想，这就是办公空间设计艺术在对你的感观起作用。社会越发展，艺术对生活的影响越大（见图 1-9 和图 1-10）。

当你向自己的办公桌走去，此时，你也许要避让迎面而来的同事，或者要绕过好几张别人的办公桌或柜子和杂物之类的东西才终于到自己的座位。

你想开始工作了，首先要找一份文件。但却总找不到，原因是文件柜里的文件挤得乱七八糟了，这并非你不想按序放好，也不是柜子里没有空间，只是柜子层格的空间并不按文件的尺度设计；在其层格上放置一排文件夹后，上面和前面却剩余了不少的空间。因办公空间大都是寸金尺土，所以你只能在已放置的文件上面和前面，又横竖地堆上后来的文件，致使许多文件急用时不能一目了然。在查

图 1-9　东莞鸿禧中心董事长室 [设计：彭浩强（广州大学）]

图 1-10　广州加美装饰公司办公室（设计：黎志伟）

阅资料或传真打印时，你同样会遇到诸如此类的麻烦事……，烦恼之余你可能会考虑：什么才是一个好办公空间呢？你此时考虑的，就是办公空间的功能。办公空间是为办公而设的场所，首要任务应是使工作达到最好的效率。要做到这点，首先办公空间的布局必须合理，各相连的职能部门之间、办公桌之间的通道与空间不宜太小太窄，也不宜过长过大。有些办公空间为了显示气派，会拥有较大的空间，但也应适可而止，以不影响办事效率为好。

另外，办公空间各种设备和配套设施应配备齐全合理，并在摆设、安装和供电等方面做到安全可靠、方便使用并便于保养，使其发挥最佳的性能（见图1-11和图1-12）。

办公桌应该具有充分的工作空间，但又不能占太多的地方；文件柜要根据不同规格的文件和资料专门设置，使得空间得到充分利用，达到用最小空间储存最多的资料与文件，而且又便于寻找和翻阅。

再有，所有的家具最好能符合人体功能，使得你工作舒服，从而达到最好的工作效率。

办公空间的装饰与布置，既要塑造和宣传企业的形象，也要为使用者显示出身份和个性，又要实用大方。这就要在造型和色彩、材料和工艺等方面有相当的考究；如此就涉及工艺技术、材料构造、物理光学、生理与心理科学、价值工程学、文化背景与美学等的研究与良好的运用。这才能使用者在视觉与心理方面感觉美观和舒适，使顾客和客人为之"眼前一亮"（见图1-13）。

图1-11　KRESGE基金会办公空间［美国］（一）（设计：VALERIO DEWALT TRAINASSOCIATES，摄影：Barbara Karant & Justin）

图1-12　KRESGE基金会办公空间［美国］（二）（设计：VALERIO DEWALT TRAIN ASSOCIATES，摄影：Barbara Karant & Justin）

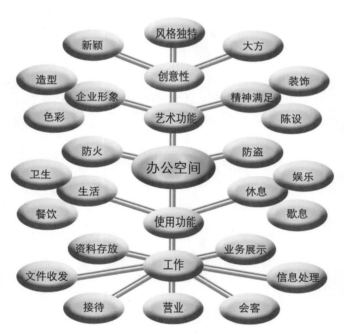

图1-13　办公空间设计功能关系图

最后，人与事业比任何办公空间都重要，所以，办公空间还必须具有高度的安全系数，诸如防火、防盗及防震等安全功能都是必需的。

1.2 办公空间的分类

1.2.1 按布局形式分类

从办公空间的布局形式来看，主要分单间式和开敞式两大类。

■ 单间式

单间式是以部门或工作性质为单位，分别安排在不同大小和形状的房间之中（见图1-14）。优点是各独立空间相互干扰较小，灯光、空调等系统可独立控制，在某些情况下（如人员出差，作息时间差异）可节省能源。另还可根据不同的间格材料，分为全封闭式、透明式或半透明式。封闭式的办公可使各空间具有较高的保密性。而透明式则除了采光较好外，还便于领导和各部门之间互相监督和协作。透明式的间格还可以通过加窗帘而成为封闭式。

单间式办公空间的缺点是在工作人员较多和分格多的时候，会占用较大的空间，而且需现场装修，要一定的装修时间，间格不便于随意调整。

■ 开敞式

开敞式办公空间是将若干个部门置于一个大空间之中（见图1-15）。而每个工作桌通常又用矮挡板分隔。这种办公空间由于工作台集中，省却了不少门和通道的位置，从而也节省了空间，同时装修、供电、信息线路、空调等产生的费用也会相应有所降低。这种布局还便于工作台之间的联系和相互监督。

敞开式办公空间通常选用组合式家具，这类家具现在一般由工厂大批量生产。生产过程中各种连接线路（如供电、信息布线）可暗藏于间格或家具之中。各种辅助用具（如文件架、烟灰缸、信插架等）也可同间格或家具一同生产。因此，这类家具使用、安装、拆卸和搬迁都较为方便。而且随着生产技术的提高和生产批量化的发展，这种家具不但越做越美观，而且也相对越来越便宜，故有日益普及的趋势。

敞开式办公空间的缺点是部门之间干扰大，风格变化小，而且只有在一个单位空间中同时办公时，照明和空调用电才能节省，否则便会耗费更大。因而这种形式多用于大银行、电信和证券交易所等多人一起工作的大型工作场所空间布局。

图1-14 Morgan Stanley Dean Wetter 总部大楼 [西班牙，马德里]（设计：GABRIEL & ANGELSERRANO，摄影：Jordi Miralles）

图1-15 SAVE THE BAY 教育中心 [美国]（设计：CROXTON COLLABORATIVE ARCHITECTS，摄影：Ruggero Vanni）

另外，也有不少办公空间是在同一个单位中同时采用单间式和敞开式，如高层领导的办公室、接待室、会议室采用单间式，普通员工的办公空间或人多并一起办公的部门采用敞开式，这样则可兼取单间式和敞开式两者之优点。

1.2.2　按业务性质分类

从办公空间的业务性质来看，目前有如下四大类。

■ 行政办公空间

行政办公空间即党政机关、民众团体及事业单位的办公空间。其特点是部门多，分工具体；工作性质主要是行政管理和政策指导；单位形象大多严肃、认真、稳重，却不呆板、保守。设计风格多以朴实、大方和实用为主，可适当体现时代感和开放改革的意念。

■ 商业办公空间

商业办公空间即企业和服务业单位的办公空间。装饰风格往往带有行业性质，有时更作为企业的形象或窗口而与企业形象统一。因商业经营要给顾客信心，所以其办公空间装修都较讲究和注重能体现形象的风格。

■ 专业性办公空间

专业性办公空间即为各专业单位所使用的办公空间。其属性可能是行政单位或企业单位，不同的是这类办公空间具有较强的专业性。如设计师的办公空间，其装饰格调、家具布置与设施配备都应有时代感和新意，且能给顾客信心并充分体现自己的专业特点。其他的如电信、税务、银行……，都各有各的专业特点和业务性质。此类专业性办公空间，其装饰风格特点应是在实现专业功能的同时，体现自己特有的专业形象。

■ 综合性办公空间

综合性办公空间即以办公空间为主，同时包含公寓、旅游业、工商业和展览场所等，其办公空间部分与以上相同，非办公空间部分因涉及面较广，已超出本文论述范围，故暂且不作论述了。

随着社会的发展和各行业工作的进一步社会化，为社会提供服务的各种新概念的办公空间还会不断因社会需要而产生。

以上是仅就办公空间的间隔和业务性质而言。实际上，办公空间除了办公地方之外，还有门厅、楼梯、通道、走廊、会议室、资料系统、设备系统等许多各自不同的辅助空间，也有为提高装饰格调和档次、为用者舒适和情趣而配置的装饰品、艺术品、植物和园林等。再有，办公空间的天花、地面、墙身、门窗和办公家具，还可以千变万化，各具风采。另外，办公空间的装饰风格还会受建筑风格和其他装饰风格的影响，在不同的时代、不同的地域和民族中都会有所不同。

1.3　办公空间的今天

1.3.1　办公空间的自动化、远程化、智能化和社会化

办公空间是为办公行为服务的，随着电脑、网络与信息技术的发展，办公的效率必然会大大地提高，而且设备也迅速地实现多功能化、小型化和无线化。网络使同一项工作可以同时在全世界只要有良好网络覆盖的任何地方同时进行，托马斯·弗里德曼在《世界是平的》一书中就记述了目前美国税务、电信、家教等工作方式的变化趋势；其经营、设计和高级管理设在美国，其同时提供服务的却是受过良好训练的、身在印度国内的工作人员。这样的工作，开始是通过复杂的网络线路连接至大洋彼岸实现的，但随着无线网络的发展，其联系和沟通的方式又会变得越来越简单（见图 1–16）。另外，视频会议的实施，大大节省了会议室的空间和赴会车辆停放的场地；电子秘书的使用，精简了电信文件收发与记录的人员；清洁卫生工作通过良好的恒温、恒湿、通风循环和过滤设备将大大减少，再通过清洁机器人即可完成；电子防盗系统减少保安人员岗位；餐饮的网上订购和送货，省却了传统大型办公空间附设的烹煮空间。

由于办公空间的自动化、远程化、智能化和社会化，使办公效率大大提高，办公设备和人员减少，从而使办公空间向小型化和家庭化的方向发展。到 20 世纪末，随着笔记本

图1-16 SC3事务所［加拿大］（设计：
SMITH CARTER ARCHITECTS & ENGINEERS,
摄影：Gerry Kopelow）

图1-17 某税务办公空间（设计：黎志伟）

图1-18 广州加美装饰公司办公室（设计：黎志伟）

电脑、大容量的移动存储技术的应用和普及，网速的提高和无线网络技术的广泛应用，移动办公的方式又开始出现并迅速普及。IDC（国际数据公司）的专家估计：至2011年，全球有约10亿名移动办公员工，其中美国已占员工总数的75%；一方面办公空间的小型化和家庭化还会不断增加；但另一方面，一些成功的企业不断壮大、形成垄断，以及一些巨大型项目的开展（如石油、软件开发、汽车制造等行业巨头和航天、国防管理的项目），往往又会出现一些超大型的办公空间，不过以同样的工作量看，就空间和员工人数而言也是在相对变小的。

1.3.2 小型化和舒适化

由于办公空间的自动化、远程化、智能化和社会化，同样的办公工作，必然是办公以及配套人员的减少，同时随着人们环保意识的提高，办公空间必然向相对小型化的方向发展，但这是相对而言的。从另外的角度看，随着成功企业的不断壮大和形成垄断以及一些巨大型项目的开展（如航天项目、国防管理等），往往又会出现一些超大型的办公空间，不过以同样的工作量看，就空间而言也是在相对变小的。人员的减少，同时也是办公人员素质的提升，高素质人员对环境和设备的舒适性一定会有更高的要求，随之而来就是空间与设施舒适化的提高。这种舒适化又分为生理和心理的两个层面：生理方面是恒温、恒湿、空气净化、负离子补充、科学用光和更符合人机功能的各种家具和设施；心理方面则是漂亮的环境和景观，能增加企业凝聚力的形象氛围和一些更人性化的装饰与设施（见图1-17和图1-18）。

1.3.3 绿色智能化

绿色智能化办公空间是一种设计趋势，可以通过增加自然采光、加强通风节能和创造循环独立发电系统等方式实现。卡内基梅隆大学的研究人员花 8 年时间实验设计的一款未来办公建筑近日在实验室里亮相，这款未来办公室建筑外观圆滑，颇具欧洲风格，内部构造装饰现代先进，堪称"智能工作场所"。以下以此建筑为例，说明绿色智能化办公空间的设计。

■ 增加自然采光

智能工作场所虽然终日被厚厚的玻璃挡住了外面的阳光，但是办公室内的每张桌子都可以接受到自然光。这些自然光来自智能办公室的天花板，天花板会反射温暖的阳光，照在办公区域里。

此前曾有研究表明，良好的日光效果可以使工作绩效增长 5%～25%。因此未来的智能办公室最大的优势之一就是多接受自然光。这种类型的办公建筑已经成为当今建筑的一种潮流，欧美不少国家已经开始开发这种技术并将其定为一种标准，美国绿色建筑委员会颁发类似的证书，定名为"能源与环境设计先锋"证书。

也许有人认为这样做需要投入更多的人力物力，导致投资过高，但是该项目主管沃尔克·哈特克福表示事实并非如此。他说："如果你把人们的工作绩效算在内，建造这种大楼其实是在给你省钱。"他还说："我们的目标就是创造人们所需要的环境，空气、热量、光线和音响等人类环境改造学涉及的方方面面。我们要同时满足人们的身体和心理的需要。"

■ 加强通风节能

智能办公建筑还有一个优势，就是所有的工作间通风条件都很好，冬天不会太热，夏天也不会很凉，多余的热量会被墙壁上细管子里的水吸收，然后将热量转换成电（见图 1-19）。

夏天的时候，智能办公室会利用内部遮光和外部开天窗的方法达到冷却目的，同时每名员工还可以自己控制办公领域内的空气流通及冷热情况。而且，智能办公室内的所有墙壁和家具设备都是利用再生材料制造，员工可以重塑办公用具形状，并重新搭配。例如，工作人员可以随时把办公室变成会议室。

据美国绿色建筑委员会估计，目前的商业和住宅建筑耗电非常高，每年使用掉美国总电量的 65.2%，占主要能源的 36%。

■ 创造循环独立发电系统

绿色智能化建筑可以自动控制热量和光线。夏天没人住的时候，这种建筑会自动散发热量，而不需要电力冷却；冬天的时候，会让房间自我储存和收集热量，成为一个自动能源供应者。

绿色智能化建筑还将结合生物燃料电池技术和能源循环利用技术，收集发电过程中散发的热量及太阳和大地发出的热量，共同发电。这样一来，建筑建成后就可以自主发电，免去了连接电网和购买电的烦恼和花费。

图 1-19 901CHERRY 办事处［美国］（设计：WILLIAM MCDONOUGH+PARTNERS，摄影：Mark Luthringer）

图 1-20　北京 798 艺术中心 LOFT 办公区（摄影：黎志伟）

1.3.4　LOFT办公空间

我们只要把"LOFT"输入"百度"或"谷歌"等搜索引擎，就会得到超过千万条相近的查询结果，以致其源于何处、何时我们都无法知晓。在此特摘录"LOFT"在牛津词典上的解释："在屋顶之下、存放东西的阁楼。"但现在所谓 LOFT 所指称的是"由旧工厂或旧仓库改造而成的，少有内墙隔断的高挑开敞空间"，这个含义诞生于纽约苏荷 SOHO 区。现在办公空间中 LOFT 的内涵多是指高大而敞开的空间，具有流动性、开发性、透明性和艺术性等特征，在 20 世纪 90 年代以后，LOFT 成为一种席卷全球的艺术时尚。

20 世纪 40 年代的时候，LOFT 这种居住生活方式首次在美国纽约的 SOHO 区出现。当时，艺术家与设计师们为了远离城市生活的枯燥与呆板，利用废弃的工业厂房，从中分隔出居住、工作、社交、娱乐、收藏等各种空间，在浩大的厂房里，他们构造各种生活方式，创作行为艺术，或者举办作品展，淋漓酣畅，快意人生。而这些厂房后来也变成了最具个性、最前卫、最受年轻人青睐的地方。在后来的发展中，LOFT 又附加出很高的商业价值，成为酒吧、艺术展的最好场所。同时，LOFT 的出现也改变了当时一些城市区域的功能，繁荣了商业。

LOFT 办公空间是利用一些过时的可能面临被拆除的较大型的旧建筑，通过使用现代的具有科技感的材料，如大面积的玻璃、不锈钢，或再增加一些使用功能需要的材料和设施，如木材、石材、家具和设施等，重新装修的办公空间。这种装饰在中国最早是 21 世纪初始形成的，最具代表性的是北京的 798 艺术中心（见图 1-20），但一些老牌工业国家早在 40 多年前就已经兴起，这就是当时的所谓的"后现代主义装饰风格"。有意思的是，当他们的旧厂房和旧仓库用得差不多的时候，随着人们环保意识日益加强，一种反对过分装饰的思潮又渐渐地与其吻合，而且，伴随建筑科学与工业技术的发展，建筑的框架和构筑用材在精确度和表面效果方面越来越完美，于是又兴起了许多新建的 LOFT，至今仍极为流行（见图 1-21 和图 1-22）。

图 1-21　旧机械厂改造的办公空间［美国，西雅图］（一）（设计：OLSON SUNDBERG KUNDIG ALLEN ARCHITECTS，摄影：Marco Prozzo, Timbies, Hans Fonk）

图1-22 旧机械厂改造的办公空间［美国，西雅图］（二）（设计：OLSON SUNDBERG KUNDIG ALLEN ARCHITECTS，摄影：Marco Prozzo，Timbies，Hans Fonk）

LOFT的产生，可归于两方面的原因：一是环保，随着社会的发展，必然有不少旧厂房因各种原因被遗弃，拆除它们需要大量的人力和物力，"废物利用"就是环保的一个重要原则；二是这些厂房往往也记载着一个区域的某段历史，甚至是曾经的辉煌，所以也是历史文化的一部分，只要在与现代环境协调方面进行认真设计，对其精华部分给予保留，有助于展示地区的文化底蕴。在中国，除北京的798艺术中心外，昆明的创库、上海的M50、杭州的LOFT49、广州的信义会馆及东莞的518等都是有名的LOFT办公空间。

1.3.5 模块化办公室

近年来，在比较发达的国家和地区，随着家具与构件生产厂家的机械化和自动化技术日益普及和提高，同时也为了应对现场装修的噪音和污染，以及工人工资的上涨，模块化办公室（modular office）已经越来越普及；其做法是由建筑、建材、装修、家具和家电的设计、建造和制造企业的相关行业协会联合制定相关空间和产品的标准和规范，并在设计、建造和生产中实施，以工厂生产的模块化

产品尽量多地替代现场装修。具体做法就是：建筑商依据人们的不同的功能要求建成各种型号的大模块空间，其他相关的厂家和企业则根据自己产品或工作的模块标准和规范生产产品或施工，最后组合为可以使用的办公空间。

其优势是：利用集约化生产，可以更充分利用资源，更好分摊开发、实验和设计的费用，使得各种产品的功能和品质的更完美，而且大机器自动化批量生产，其精确度、效率和成本更具有现场制作所无可比拟的优势，还有就是工厂一般远离居民区，其噪音、微尘和气味的污染也更容易得到有效地控制，再有，由于家具和构件制造与现场装修同时进行，从而可以大大缩短现场施工的时间。

这类办公空间，需要详尽和定位准确的设计，且最好在建筑设计同时就进行室内设计；现场的基础施工做水电、网络、通信、空调和通风管道等隐蔽工程，以及照明、设备和构件的安装项目，装修方面则只需进行平整墙面、天花、铺设地面和安装门窗等建筑级别的装修；在现场施工的同时，工厂就依照统一设计的图纸制作家具和装饰构件，最后在现场组装就可大功告成（见图1-23～图1-25）。

图 1-23 模块化办公家具（一）

图 1-24 模块化办公家具（二）

图 1-25 模块化办公家具（三）

1.4 办公空间设计的发展趋势

1.4.1 信息技术进步将继续促使办公形式与空间形态改变

■ 虚拟办公室

至今信息技术已经使办公人员的能力和效率不断翻倍地增长，使他（她）们可以随时随地进行"办公"，但办公毕竟不是个人的事，特别是一些较大和较复杂的项目，需要很多人协同工作和处理，但这种情景可能会改变。玩电子游戏的人现在已经可以玩网络结婚，建立虚拟家庭，在虚拟空间中买菜、煮饭、养育孩子；这种带有逼真图像与空间的 3D 效果的游戏技术正在被运用开发"虚拟办公室"，而且理论上是可行的，需要解决的只是技术细节和法律上的问题。

模糊控制、智能与仿真技术的应用与发展，一些国家已经制造出"办公替身"机器人，可能由于成本原因，至今还只是一个用轮子移动的卡通人，最大作用还是由老板操控，召开远程会议和与员工视频交流。但几年前栩栩如生的机器人已经出现在展览场所，能胜任一般接待客人、为员工斟茶倒水、收发文件的仿真机器人，在制造技术方面应该没有问题，剩下的可能只是价值和稳定性的问题。

■ 云计算的运用

就是通过 Internet 以服务的方式提供动态可伸缩的虚拟化的资源计算模式。用户只需一个简单的操作系统和完整功能的浏览器，开机后输入自己的用户名和密码，存在"云"中的应用软件和数据就会同步到你的终端里，而你使用的"电脑"却是"天河"级的，可用的资料是"全球通"的。

■ 超大屏幕触屏技术

目前已经被广泛用于电视台新闻点评节目和高端的课堂讲学，何时普及作为办公桌面和间隔挡板，恐怕也只是成本和时间的问题；届时，结合云计算技术，你可以在"触屏办公桌面"取出"书"和"资料"，再打开"窗户"看看"自动车间"的生产或"实验室"的状况，然后再打开跟前的"电脑"开始工作，你的桌面上，可能只剩下茶壶和茶杯是真实的了。

以上都是已经出现和正在应用中的技术，这些技术很快就会改变我们的办公空间。电脑诞生至今不过 50 多年，已使世界发生了翻天覆地的变化，明天又出现什么新技术，恐怕谁都不会再觉得意外。只有一点可以肯定：信息技术不但继续而且是正在加速改变我们的世界，包括办公空间。

1.4.2 办公空间形式的创意与回归将并行并进

技术的发展在迅速地改变我们的社会和环境，创造能适应技术与社会发展的办公空间需要创意；反过来，技术与社会的发展，最终的目的是满足人的需要；如何以人为本，充分发挥我们的想象力，构想出我们需要什么，要成为什么，办公空间应该怎样？更需要创意。有了创意，设计师不但会千方百计去搜寻已有的技术为之所用，更会对未来的技术提出开发的要求，只要有价值，就会有人去开发，直到成功而为人所用，并产生新的办公空间，这就类似史蒂夫·乔布斯开发 iPhone 和 iPad 的过程。越是在技术与社会迅速发展的时代，创意越是不能欠缺。

回归包括"回归自然"和"回归历史"：回归大自然，是许多白领所追求的，更有人舍弃繁华和高薪去过村夫的日子，这其实是"人性的回归"，古希腊神话的巨人安泰，只要双脚不离开大地，就会力大无比，其实人类也如此，技术迅猛发展的目的，并非让人离开大地，而是让人更好地与自然共处。还有就是"回归历史"，人之所以是人，就因为他（她）可以吸取历史的经验和教训来强大自己，不同国家和民族的历史，就是其文化重要组成部分，其精华理所当然应该得到传承和发扬。现在，自然和历史的精神与元素，正越来越多地以抽象与具象的形式体现在国内外的一些有品味的现代办公空间之中，这种方式在将来也会得到延续和发扬。

思 考 练 习 题

1. 通过实地考察或上网，对目前的办公空间使用功能和艺术形式进行调查，收集文字和图片资料，加深认识。

2. 了解和实地观察附近可售、可租的商业空间，选定一定的空间，设想成立自己的公司（或类似的经营单位），构想经营理念和对空间的使用要求，写成"设计要求书"，自己作"虚拟甲方"，通过抽签形式，交由同班的另外一位同学设计，进行互为"甲方乙方"的设计练习。

3. 教师作指导和讲评。

第 2 章　办公空间设计现场考察与调研

2.1　现场考察

　　除了那些与建筑同步的设计，在开始办公空间的设计前，就算有建筑图，如果可能我们首先还是应该先去考察准备实施的场地，因为建筑图与实地不但在尺寸方面会有差距，而且在施工的过程中，因种种原因改变原图也是难免的（见图 2-1）。另外，就是再详尽的建筑图也难以把各种建筑梁柱和排污等设施标得清清楚楚，而这些却同样是设计的先决条件。还有，图上虽有朝向和窗户，但外围环境却一般无法标出，而外围环境对室内的美观和采景都有相当的影响。

　　因此，到了现场，首先应该重新复核平面的尺寸，然后要标明主次建筑梁的高度和排污管、消防栓、喷淋头、烟感器、通风和空调管道的尺寸。如果这些项目不在设计

范围之内，还应了解清楚它们完成后的尺寸与形状，以便设计时作修饰。

　　其次，应记住各窗户的外部环境，以便使某些办公空间（如接待室、会议室等）有较好的朝向和景观，而仓库和设备房等则可安排在景观差或无窗户的位置。同时，应仔细考察建筑的结构，考虑将来装修结构的固定和连接方式（见图 2-1 和图 2-2）。

　　再次，应检查楼板和天花是否裂缝或漏水，窗户的接合处是否紧密，窗户的开关是否顺畅。如果这些方面有问题，应记录好，提前知会客户，商讨解决方法。如属原建筑商责任，则应请客户敦促他们修缮。

　　做完以上记录后，还应在现场对一些较特殊的位置和结构（如特别低的建筑梁和设施、妨碍空间的排污管道等）

图 2-1　广州某工地装修前的空调管道（一）（摄影：黎志伟）　　图 2-2　广州某工地装修前的空调管道（二）（摄影：黎志伟）

进行装饰处理的构思，因为这样更有"现场感"，解决问题的方式也会更快捷和直接。

2.2 用户需求调研

在考察现场之后，还不能急于动手画设计方案，还应该诚恳地征求和听取用户的意见，了解用户的使用意图和审美倾向。其具体工作如下。

2.2.1 充分了解用户的工作性质

在此之前，我们也许可以从对客户的单位名称的理解，再加上自己的经验作判断，多少会知道或想到该单位的大概的业务性质。但这还远远不够，因为"隔行如隔山"，我们所知与实际情况也许还有很大的差别，因为就算是同类的单位，仍有许多各自不同的具体业务要求。而只有最具体的功能要求，才对具体的设计有指导意义。

不同的单位，由于业务性质不同，在社会上就会有不同的习惯形象，在工作上对办公空间会有不同的使用要求，如房产公司需要较好的展示与洽谈大厅；而银行则要求设有豪华的门面、气派的大厅和牢固安全的营业柜台；而一些贸易或技术服务公司，则常把客户接待室和业务室看得同样重要。另外，不同的单位还会有不同的资料储存方式（如文件柜、软件柜、图纸柜等）和工作方式（如营业柜台、工作台、展台柜等），对于这些情况，设计师应做好详细的记录，对部分非常规的要求，还应及时将自己的理解提出来与客户及时交流，以缩短理解与实际要求的距离。

2.2.2 了解用户的管理架构和间隔要求

管理架构比较容易了解，用户或给你相关资料或告诉你，做以记录即可；但间隔要求方面，不同的用户差异很大。首先是"老板"室的位置，往往除了要好的景观、朝向和便于管理之外，还会有某些个人的喜爱甚至迷信的因素。这种时候，设计师同样是要尽量满足其要求，只有当

这些要求实在不合理时，设计师就应以专业知识对其阐明利弊关系了。除此之外的其他空间分隔，仍要尽量满足客户要求，因为毕竟日后是客户天天使用的，而且以后间隔的调整是最麻烦的。如果是有经验的设计师，只要看过图纸或场地，听到客户提出的间隔要求，即可阐述出其利弊并与之沟通；如果不行，就只好在设计平面图的过程中去发现和解决问题了。

2.2.3 了解客户的审美倾向

因为设计最终是为客户服务的，虽然设计只按客户的审美来做未必好，但不被用户接受的设计可以说只是一堆废纸，所以与用户交谈的过程，既是了解用户审美情趣的过程，同时也是因势利导，发挥设计师设计想象力和说服力，影响和提高客户审美的过程。

在交谈的过程中，设计师可先试探性地征求用户喜欢何种装饰风格，这时用户可能有各种反应，他可能武断地只认为某种装饰风格最好，如欧式、中式或日式，现代或古典……无论用户喜好何种风格，这时候设计师都要迅速思考：此种风格是否适用于客户的业务性质。如果适合，便可进一步探索具体的装饰效果。如一位经营电脑业务的用户，认为他的办公空间最好用现代风格来装饰。你便应想出以金属材料或原木或玻璃的主材的方案，提出来与用户交流，如果得到同意，可就具体的一些作法再作试探，如已落实用不锈钢和玻璃为主要用材时，那么最好继续落实不锈钢到底是用镜面还是用沙光，玻璃是全透明还是半透明……总之，落实得越具体，以后设计走的弯路就越少。对有经验和能力的设计师来说，任何具体的要求，都不会束缚自己设计的创意。

2.2.4 了解客户的投资预期

与客户交谈中，还应注意了解客户对装修资金投入的设想，因为这是设计和装修的"经济基础"。有些客户可能

会说："多少钱无所谓，你给我搞得越漂亮越好！"但要注意：这类客户也许未必知道真正的花费。当设计师在设计方案中拟用各种高级材料后，再一报价时，往往会把他们吓一跳！有些爱面子的客户，则会很客气地说："让我考虑考虑"，之后便会再去找别人设计了（因为找别人的时候，他可以先提出大概投入，再让人家设计）。所以对所谓不在乎造价的客户，有经验的设计师会马上举一个高级装修的例子，并大概说出它们的面积造价，看看客户的反应，再进行下一步的构思。

2.2.5 与客户对某些特殊结构和部位的处理达成共识

在与客户交谈的过程中，设计师还可以与客户就现场的一些特殊环境处理进行讨论，如有些建筑梁过低、柱子过粗还布满了管道……对此，设计师应想到在安排电器布线、空调管道并装修后的实际情况，并应事先告诉客户，征求他们的意见，以免日后因这些问题产生纠纷。

2.2.6 了解自己的工作范围

通过交谈，设计师还应了解客户委托的工作范围，即是单纯设计还是设计兼工程管理，或全面负责设计施工。设计师知道自己的工作范围，对出什么样的设计方案和方案出到什么程度方面是有绝对意义的。

思 考 练 习 题

1. 对应第 1 章的实际场地和"设计要求书"，进行"甲方"、"乙方"的沟通。
2. 写出双方达成共识的"设计构思草案书"。
3. 教师作指导和讲评。

第 3 章　办公空间设计的前提与思考

3.1　安全因素

3.1.1　建筑结构的安全

几乎所有的空间设计都应把安全放在第一位，而且首先要注意的就是建筑结构的安全使用，办公空间也不例外。当然，安全问题最好是由结构设计的专家解决，但如果室内设计师完全不考虑安全因素，其设计方案就会行不通或出安全问题。在此，应注意的是：一般的民用建筑的楼面负荷是按 $1.5 \sim 2.5 \mathrm{kN/m}^2$ 设计的，即承载不超过 $150 \mathrm{kg/m}^2$；如果是悬空的空间（包括下面是地下车库的首层），我们应征求结构设计师的意见，办公空间的间隔最好都设在建筑梁的上面；如果为了某些使用要求需要放置非建筑梁上方位置的间隔，则应使用轻质结构间隔；另外，一些超重的结构或设施的设置则应由结构专家重新设计承重或连接结构（见图 3-1）。

3.1.2　消防安全

消防安全是一门专业性很强的工作，其中涉及种种设备和材料，种种标准和规范，所以应由该专业人士负责。

但作为室内设计也必须要在布局和用材方面符合消防规范，其基本要求如下。

■ 布局方面

在建筑设计和施工时一般都要经公安消防部门的审批和验收，但因装修需要，在重新布局时又会出现许多新的间隔和通道，这时候的新间隔也必须按消防规范作如下安排。

（1）在每层的建筑平面上，除了有主门口以外，还应留有安全出口（楼层建筑含安全楼梯），安全门应为向外开的防火专用门（见图 3-2）。

（2）一些较大的，如 $50 \sim 60 \mathrm{m}^2$，使用人员较多的房间，最好能有两个或以上的门口。如果只有一个门口，则其宽度应在 1.4m 以上。

（3）超过 $60 \mathrm{m}^2$ 的房间或通道长超过 14m 的房间必须留有两个以上的门口。

（4）国家防火规范规定，疏散用的通道最小宽度不应小于 1.1m（但从现代装修审美角度看，只要空间允许，通道最好不小于 1.5m）。

图 3-1　某工地装修前的建筑结构（摄影：黎志伟）

图 3-2　消防门（摄影：黎志伟）

■ **用材方面**

（1）天花材料，现在，大城市室内天花吊顶一般不允许用大面积的易燃材料（如以前所习惯的夹板天花），如果较小面积，并因造型需要用木质，则必须按消防标准涂上防火涂料。天花吊顶允许使用的安全材料是在金属龙骨安装石膏板、钙化板、埃特丽板、矿岩板、金属板等。

（2）间墙用材，一般不允许用易燃材料（如易燃塑料、木材等），少量因造型需要，也必须在木龙骨和木板内部按消防标准涂防火涂料。

（3）装饰壁如有海绵、人造革、织物等装饰，则必须在其表面喷专用防火涂料（有些地方连木材表面也需要同样处理）。

■ **电器布线方面**

据调查，现代装修空间的火灾常由电线、电器着火引起。为安全起见，具体的电器设计必须由该行技术员以上的专业人员执行，由电器工程师审批后签字认可，再由正规电工来负责安装施工。但作为设计师仍应知道以下基本规范（如果是设计师负责总包工程，这方面的知识就显得更重要）。

（1）电线必须有足够线径担负所连接电器的用电负荷，如电线负荷不够，轻则电线发热、跳闸而无法正常供电，这就需要拆掉电线重装（因电线一般属隐蔽工程，装修后拆装是极麻烦和浪费的），重则会因起火而造成灾害。因此，不但在设计时，设计师要配置足够线径的电线，而且在选购电线时，有经验的电工除了应看清线径的说明外，还要用游标卡尺测量后再买。原因是目前电线厂家产品质量参差不齐，常有所标线径与实际不符现象。还有一个办法就是通过有信誉的商家，选用相对固定的名牌产品。这样虽然可靠些，但也仍要随时复检，以防万一。

（2）室内的所有隐蔽电线，一定要穿行在密封的金属或难燃塑料管道中，其中线径的面积总和（含胶皮）不能超过管道内空面积的2/3，以免因电线过于挤迫，穿管时拉伤其胶皮而漏电。另外，线管用材也有严格规定，目前广州则规定必须用铁管，但其他城市也有规定用难燃塑料管的。两种线管各有利弊，前者在里面，电器着火时也不会烧穿，且不怕老鼠咬坏电线，而且埋墙后在墙上钉钉子时，一般不易穿；缺点是工艺较复杂（外壳要焊接和接地线），而且遇上质量不好的铁管，时间长会生锈。后者的特点是易施工，不生锈，不导电；缺点是容易被老鼠咬穿和容易

图3-3　办公空间天花的内部（摄影：黎志伟）

被钉子打穿（见图3-3）。

（3）在连接灯头或开关盒的时候，允许少量使用软管，但长度不能超过1m。

（4）电脑用电，必须有专用电线供电，并且有独立和可靠的地线。

（5）天花照明的日光灯如果采用铁芯变压器（镇流器），变压器不能装在天花上，必须集中装在天花外的铁箱里。这样往往要来回走较长和较复杂的电线，所以目前天花日光灯使用电子变压器为多，尽管费用较高且易坏。

（6）各种开关和插座的配置和选用，都必须符合电器安装规范，并且质量可靠。使用优质开关和插座虽然稍贵，但却非常值得。

以上所谈的电器基本规范，仅属设计师应了解的部分，许多的具体规定与操作要求，则必须由这方面的专业人员来设计与实施，在此不作详述。

■ **防盗设施**

（1）房屋结构方面。门窗要牢固，通常可根据需要安装防盗门和防监网（广州地区规定一楼、二楼和顶楼的窗户和阳台都必须安装防盗网）。有些重要的部门（如财务室、保密室、金库、发票库及有价证券仓库）则有行业专

图 3-4　装修中的办公空间天花（摄影：黎志伟）

门规定，对所有的墙、门窗、排气口都有特殊的防盗处理，届时必须按规定来设计和施工。

（2）电子技术防盗。目前主要有两种方式：一种是人监控，即由保安员在值班室通过摄像头和电视屏幕来监视；另一种是自动系统，即通过红外线或声响自动报警。红外线是在通道或门窗旁等不显眼的地方设立红外线光束发射与接收，当有物体通过并遮挡其发射的信号时，报警器便会自动报警；声响报警，一般是破碎玻璃的声音报警。这两种报警还可以自动拨通电话，把警讯报至公安机关或户主。

电子技术报警装置通常由公安机关指定的单位安装，但装修设计时，应考虑其选用和配合。

■ 装修造型方面的安全

（1）结构要牢固，特别是一些吊在空中的装饰，如招牌、天花、建筑梁等，一定要注意结构连接的可能性和可靠性。另外，一些重和硬的物体，不管是吊空中还是竖立在地面，都特别要注意牢固。历史经验告诉我们，贴墙贴柱的石材、作门作窗的玻璃，只要安得不牢固，都可能会在日后突然成为可怕的杀手（见图 3-4）。

（2）造型的尺度要符合人体功能和使用习惯。如高低不一的梯级，哪怕只有几级，也常容易让人摔倒。过高的文件柜，如果常要垫椅爬梯使用，也增加了使用者的危险。一些因建筑缺陷或特殊环境而产生的特殊结构（如过低的门楣、建筑梁、出其不意的台阶等）都有伤人的危险，对此，在设计中能避则避，不能避时，也必须在用材和标识方面作特别处理。

（3）一些锐利坚硬的造型，要尽量避开使用者经常活动的空间。坚实的台角柜边、外露的柱子、拐弯处的坚硬造型等碰伤行人，如此的例子不胜枚举。

（4）合理的空间、通道和楼梯的安排。空间安排不合理也是一种常见的不安全因素，如过窄的通道、过陡的楼梯、过少的工作空间，都可能会给安全造成隐患，设计时应予注意。

3.2　功能、造价、艺术创意的综合平衡思考

办公空间设计容易出现两种倾向：一种是功能主义式的，即任何设计和结构均是功能第一。但功能本身就存在着种种矛盾，如工作的地方多，则休息的地方就少；办公空间大了，通道和公共空间又少了；结构牢固了，造价却又增加了……等到通过各种优选法和精密的计算分析及经过纷纷扰扰的争论和研究后，方案终于定下来了，但装修完一看，却只是一个平淡无味、了无生气的，再平常不过的空间环境。

另一种是所谓重艺术效果的设计，设计师凭自己的个人喜好，造型峰峦起伏，色彩诗情画意，处处唯美而装饰……先不说这些方案是否实用，就是施工也未必能造出来。设计到底应该功能第一，还是艺术第一，是一个永远争论不休的题目。

实际上，办公空间设计与其他设计一样，既需满足各种功能要求，又要科学地运用各种材料和工艺技术，还要在一定的社会、法律和经济制约中运作，更要创造出符合

用户形象的、数年内不过时的美好的空间形象和气氛。

创造性是设计的灵魂，如果把功能、材料、技术和各种制约比喻为身体的话，没有身体就没有灵魂，但人类的发展更重要的是灵魂的发展。创造性可以是功能的创造性开发，也可以是材料和技术的创造性运用，但这些工作往往包含着众多学科技术的研究开发才能完成，并非办公空间设计师自己所能胜任的。作为办公空间设计师，更重要的任务是在了解与消化这些成果的前提下，为用户创造出一种新的空间形象。

要在满足使用功能，科学运用材料与技术，在社会、法律和经济的制约中，创造出令用户满意而又体现高水平的办公空间，是一项艰巨的工作，因为所有的这些功能与艺术、材料技术与经济投入、设计风格与客户审美都包含着种种矛盾，就是单一的范畴中也会存在矛盾。例如，就功能而言，某种功能的更多满足，往往意味其他功能的减少。

空间设计创造须以设计师的主观能动性为动力，但对设计作品的评价，最后还是客观标准。设计师的任务是设计美好的空间与环境，但这种美好不是设计师自我欣赏和认定的。美好的设计必须为用户所接受并喜欢，同时还要为社会所接受，哪怕是其中部分人所接受。

在此过程中，设计师难免要平衡和解决自我风格和用户审美的矛盾、创新与社会认同的矛盾。

所有的这些矛盾，似乎没有一个绝对好的解决方法，而只有相对好的方案，或者说是被用户认可，或基本认可，在经济和技术方面能实现的方案。至于这个方案是否创新或被社会认同，则又只能在它诞生之后，由社会和时间来评定。并非把各种功能与艺术因素平衡做得最好便是最佳方案，因为这取决于投资和决策者的追求是侧重使用还是侧重于艺术。这里可以看一个非办公空间的例子：澳大利亚的悉尼歌剧院（见图3-5）是一个富有诗情画意的建筑，但全工程竟花费了17年的时间，结构方案修改了数次，完工后所花的费用竟是原预算的10倍。作为歌剧院的使用功能，并不见得比其他的剧院好多少；作为工程计划，恐怕应算是失败的。但歌剧院却成了悉尼的重要标志，大大提高了该市在全世界的知名度，每天为此慕名而来的国内外游客络绎不绝，它为该市所带来的社会与经济效益却是无法估量的。建筑设计史上，这种例子不少。办公空间设计是否也会有同样的情况呢？

我们不是提倡唯美的办公空间设计，但确实有些项目为了塑造企业形象而不惜成本的。国内外的大城市几乎都有若干这样的例子，即所谓的标志性建筑，如北京的央视新大楼（俗称"鸟爪"）、上海的金茂大厦和环球金融中心、广州的西塔……遇到这种设计，设计师要平衡的肯定就不是一般的使用功能和造价，而应更关注其艺术功能了，尽管办公空间的基本功能仍然是必需的。

办公空间设计师在设计时，通常应根据用户的要求来平衡各种因素，寻找解决各种矛盾，并使其尽量达到统一的最佳方案。但有时也有这样的情况：设计师想出一个自我认为好，而顾客未必接受的方案。此时设计师也许会尽

图3-5 悉尼歌剧院［澳大利亚］（摄影：黎志伟）

力去说服和影响客户，使其接受，如果成功了，方案便得以实施；如果不成功，恐怕设计师也只能妥协。

设计师的任务首先是为客户解决问题，然后才是为客户设计。其过程必然包括种种客观制约和主观创造设计的矛盾。这是设计师和客户相互合作又相互影响的过程，前者影响后者，因为是专家；反之，因为后者是使用者和投资者。只有解决了共同的问题，才能产生设计方案；只有通过用户认可而又有可能实施的方案才能成立。而最后要通过用户、设计同行和社会的认可，甚至还要通过时间的检验，设计方案才能为之优秀。

至今，我们周围所见的办公空间装修，固然不乏优秀作品，但其中的相当部分未免或多或少地存在两个倾向：一是模仿式和"行货"式，即高档者追逐其潮流和新材料，生搬硬套，中低档者因投资所限，就随意套用装修概念，人吊天花我也吊，人有木线我也有，总之，无论天花、门窗，还是家具均为"装修"而装修。完工后，你却分不清东家还是西家，酒楼还是办公楼。二是不顾功能与空间特点和用户的喜恶，设计者想入非非地求新立意，天花波浪起伏，地面山高

水低，立面诗情画意，但空间的实用性差且在技术与材料运用方面牵强附会，设计虽新但却不受欢迎。

实际上，不同用途的办公空间设计应具有不同的特色，如银行有银行的格局，机关办公室有机关的特色，不同行业在形式上还是有不同的特点的。办公空间设计的创新，应是符合具体功能空间面貌，且合理运用技术材料与资金的创新，而不是随意创造一个"非驴非马"的空间（见图3-6和图3-7）。

设计创新是个重要而又复杂的问题，其重要是凡办公空间设计都离不开它，其复杂是因为它既包含美学、文化和社会的传统和发展等因素，而且还是一个未知的东西，因此，要给它下一个准确而具体的定义是很难的，但应该说还是有规律可循的。在此，作者根据自己多年的设计实践和教学经验，总结了如下几条规则供参考。

（1）设计的灵魂是创意。只有以人为本，创造性地从本质上去解决办公的人的生理和心理的需求才是真正具有

图3-6 贝塔斯曼总部大堂［西班牙，巴塞罗那］（设计：TEKNO-BAU & MARTIN WEISCHER，摄影：Jordi Miralles）

图3-7 厂房改造的办公空间［美国，旧金山］（设计：MAMOL RADZINER+ASSOCIATES，摄影：Benny Chan）

图 3-8 FREEHILL 律师事务所门厅 [澳大利亚]（设计：GRAY PUKSAND，摄影：Shanina Shegedyn）

创意的办公空间设计。例如，一个人想：我要设计一张凳子。他（她）这么想其实就已经不是一种从本质开始的创意设计，因为"凳子"已经是一个具有某种既定形态的东西。如果他（她）想：我要设计一个"给人坐的东西"，那他（她）思考的才是真正具有创意的设计，因为只有这样，他（她）才能不受约束设计出新颖的"满足坐的要求的物体"。我们有时会看到一些能"使人眼前一亮"的设计：如发光的洗手"容器"、能躺着休息的"办公椅"、"废物利用"又充满怀旧气氛的 LOFT 办公空间等，这就是具有创意性的设计。但需注意的是，创意并不等于可以摆脱任何约束而想入非非，而是应该更好地、更科学地满足用户的生理和心理需求，更能展现用户的企业形象，也更环保和有助于人类的持续健康发展（见图 3-8 和图 3-9）。

（2）用户所需的使用功能将决定其布局形式。其特有的家具、设施和布局与别的空间不同，那么其他的，如天花、地面图案、间壁、门窗等的装饰设计便需围绕这个前提而展开，这是该办公空间设计装饰特色的框架。

（3）不同空间具有不同的使用功能，就有不同的装饰特点。波浪起伏、华丽夺目的装饰用作舞厅可能合适，但用作卧室就不利于主人休息。同样功能的空间，还可能因不同的使用方式，其装饰风格也会有所不同，如同商场，买家电的空间绝不同于买食品的空间。同是餐厅，火锅城也不同于宴会厅。设计的创新如果忽视了这些功能空间在装饰上的区别，便会不伦不类。

（4）办公空间设计是个人或单位形象的体现之一。不同的个人或单位具有不同的性格或工作方式，需要不同的

生活与工作情调。设计师的创新若在此情调的基础上进行，往往可以事半功倍。

（5）办公空间设计创新应是对材料、技术与资金更合理的运用，只有这样，其"新"才能持久，才更有生命力。新材料、新技术的运用往往是办公空间设计创新的动力，即时掌握新材料和新技术的信息，对办公空间设计创新具有重要意义（见图 3-10）。

（6）新是相对于旧而言的，了解和分析同类功能空间已有的装饰风格及其发展历史，并在此基础上进行创新，是办公空间设计创新的有效途径之一。

（7）办公空间设计形式的创新应是新的形式韵律的创造。形态的韵律在办公空间设计造型中尤为重要，因为办公空间设计装饰以功能形态为主，柜子不能过于装饰，墙

图 3-9 杭州公元大厦电梯厅（一）（设计：广东省集美设计工程公司）

图3-10　杭州公元大厦电梯厅（二）（设计：广东省集美设计工程公司）

图3-11　杭州公元大厦夹层（设计：广东省集美设计工程公司）

壁不能太花哨，但却可以通过环境和局部的富于韵律感的造型，塑造一个美好的空间。一个优秀的办公空间设计装修，其形色的构成犹如一曲"凝固的音乐"。至于是雄伟严肃的交响乐，还是柔和的轻音乐，则视塑造什么样的空间形象而定了。

（8）办公空间设计之创新，往往不是惊天动地的创造，而是对一个实实在在的生活或工作环境进行精心的塑造。有时局部的创意（如门、照明、柜、间壁等）就可营造出大环境的新面貌，因此，既应反对不分性质的照搬和千篇一律的复制，也应避免想入非非、天翻地覆的所谓创新（见图3-11）。

（9）办公空间设计的创新是一个循序渐进的过程，往往需在人们已接受的形式基础上发展，其程度应在用户与社会能理解和接受，或至少在短时间内将会理解和接受的范围内。否则，就会失去其意义。

（10）以上规律仅适合普遍的办公空间设计与装修，但不排除个别反规律而成功的办公空间设计例子，因为市场规律是根本规律。人们有时需满足反叛意识和猎奇心理，便有专门为投其所好的"逆向思维"设计，如"斜立的房子"、"不能坐的椅子"和"地狱餐厅"等。在办公空间设计中有反其道而行之做法也是正常的，但这些均不在本文探讨之列。

3.3　办公空间设计的价值工程学原理与运用

现时日本造的汽车，在使用期内，性能好且故障少。但过了使用期，有故障便不好修复，因为全车的零部件也都差不多老化了。相比之下，另外有些汽车，新时就开始有故障，却似乎不存在使用期限，因为长时间后，有些零部件却仍然非常好。两者之间的区别，便是前者讲究对价值工程学的运用，日本人不是做不出经久耐用的零件，而是因为这样费用会高些，于是他们节省了费用，却提高了在车价方面的竞争力。他们的出发点是让你的汽车在过了使用期限之后便报废，然后再去买他们的新车。相反，如果有些零件总不坏的话，你就会不断地修车和更换损坏的零件，他们的新车便会滞销，车厂就只好变成零部件厂了。

在办公空间设计中，如何运用好价值工程学也是非常重要的。价值工程以功能分析为核心，保证产品的必要功能，消除不必要功能和剩余功能，努力减少功能成本。价值工程中的价值、功能和成本三者关系如下式

$$价值 = \frac{功能}{成本} \quad （或 V = \frac{F}{C}）$$

在工厂，是通过对各种准备开发产品的功能进行打分，以分数除以成本，求出各产品价值的功能值，然后再选其中高值者进行开发，低值的则需改造或舍弃。

在办公空间设计中，很难通过计算来确定具体哪些功能或装饰是需要的，但也还是可以以价值工程的原则来指导设计，可以参考借鉴的方法以下举例说明。

（1）在设定和满足使用功能的时候，我们可以价值工程的分析和比较方法确定各种功能的重要程度，先满足主要的和重要的功能，一些不重要但又费工费钱和占用过多空间的次要功能，则可考虑减免或减少。

（2）在确定装饰造型时，应估计工艺难度、费用和对全环境装饰所起的作用，以分析其效果价值，再确定需要与否以及实施的程度和数量。

（3）在结构方面，应考虑全面的牢固性。避免某些结构过分牢固而增加不必要的费用，更要防止一些易造成事故的结构缺斤少两。有不少结构还有严格的力学要求，不但材料要足，而且定位要准，否则，用材越多，除了造价越高之外，还会因加重了结构的负担而越不牢固。

（4）在设计用材时，要力求选用效果价值高的材料和搭配，使用材料时，最好以大面积的中低价材料衬托小面积的高价材料。反之，效果价值会低些。一些用量大的材料，在不影响功能和效果的前提下，应尽量控制单价。

（5）设计造型的尺度除了要符合使用和美观功能之外，还应尽量适合材料的开度。如板材规格通常为2440mm×1220mm、钢材和不锈钢材长度为6000mm、石材长宽为600～1200mm等。如果造型，特别是一些数量大的造型，其尺度若不适合材料的开度，对工程的材料与工艺都会造成很大浪费，从而也是不符合价值工程的。

（6）装修的保新和使用期与投资、选材和工艺有直接关系。设计选用材料和工艺时，应设定其限期。目前的工艺水平，保新期在3～5年，使用期应在8～10年。设计时，要根据环境、位置和使用情况选材和设定工艺要求，特别应注意一些易损易锈易老化的材料、连接件、活动配件和粘胶的使用，如目前常见用铁螺丝固定铝合金门窗，就极不合理，肯定是铁螺丝先锈坏。另外，一些易碰、多磨和用力的位置，如门和门套、地面、锁和拉手等，定要认真选材料和工艺。材料与工艺的使用，应力求做到保新期内不用维修或少维修，使用期内不损坏，并节省除此之外不必要的开支。当然，某些危险性大的结构应例外。

思考练习题

1. 考察与了解功能设施，对应实际场地进行配置。
2. 构思宏观的设计方案，并进一步达成共识。
3. 教师作指导和讲评。

第4章 办公空间功能与形式设计

4.1 设施的选用与设计

参与"鸟巢"设计的一位中方设计师，在接受电视台记者采访时说过一段很实在的话，大意是：他们在设计"鸟巢"时，对运动场的理解，实际上就是一个巨大的碗（起码的观众席和运动场的功能），如何把这个"碗"包起来，便是他们的设计任务。相近的是：办公空间设计的一个最重要的任务，其实也是考虑如何设置或巧妙地运用必需的设施、连接管线、灯具、家具和标识物。当然，这些设置本身就要通过设计的造型、材质和色彩实现。如果还有其他工作，那就是增添某些点缀环境、加强企业形象和品位、满足用户精神需要的饰物了（见图4-1）。

4.1.1 消防设施

现在一般的高层建筑，只要是验收合格的，都应该是已经配置好相应的消防设施的（见图4-2）。通常，天花上包括喷淋水管和线路管道，还有喷淋头和烟感报警器等，立面与平面会在一定的距离布有管道、消防栓和消防门，大空间还会有消防分区卷闸；消防管道和设施都是鲜红色的，要注意其颜色是不能改变的。在这种场合做办公空间设计，最好以此为基础进行设计，万一需要改动管道和设施位置时，则要经过设计方的认可和重新申报方可实施。这几年来时兴不做天花而外露管道，为此有些设计把消防管道刷成别的颜色，其实是违章的。如非高层建筑，有些是不带消防设施的，但并不等于就不需要消防，所以应咨询消防专家，落实必需的消防系统，然后再做空间设计，方可有效。

4.1.2 空调设施

设计时，如果面对的空间是已经有中央空调的，只需注意出风口在使用空间中的合理分配，并记住管道、风机和出风口也是天花造型的一个重要的元素即可（见图4-3）。

如果尚无空调设施，则应先请客户选择空调的方式，

图4-1 杭州公元大厦通道（设计：广东省集美设计工程公司）

图4-2 消防栓（摄影：黎志伟）

（a）

（b）

图 4-3 某工地装修前的空调设施（摄影：黎志伟）

并请这方面的设计师进行设计。但实际的情况是，一般客户需要室内设计师根据未来效果提出空调方案，所以，室内设计师在这方面是要有一定的知识和配置能力的。

总体讲，就目前的技术，空调的工作原理基本相同，都是由主机的压缩机对一种密封在容器和管道中的被称为"氟利昂"（非环保雪种）或"四氟乙烷"（环保雪种）的液体进行压缩，从而产生低温，而当压力释放时这种液体又会产生高温，通过控制系统的变换，便可进行制冷和制热；而这些冷热能，又通过管道及里边的媒介（水、空气或雪种）传至室内的机组，并通过风扇把冷气或暖气吹出。至于所谓不同形式的空调，不过是对冷热的传递方式或机组配置不同。空调一般可分为中央式、分体式和窗式三大类。中央式一般指较大型的集中制冷主机系统，因传递方式不同，分为水冷式和风冷式，前者以水为媒介，通过管道传递冷热能，所以室内铺设的是水管；后者以风为媒介，铺设的是风管，其通常还需要在一定的空间里放置俗称"风机房"的室内机组。至于分体式和窗式，工作原理都是相同的，不同的是分体式空调室内外机组间的传递冷热能的媒介是雪种。

不管是何种空调方式，我们都应该进行两方面考虑：首先间隔和造型不能影响空调的使用，包括位置、方向和造型；其次，对空调的设施（如室内风机、分体机组、管道、插座、电线）如何设置，是外露还是隐蔽，都要心里有数，因为这些将来都是构成整体效果的一个重要部分（见图 4-4）。

4.1.3　通信和网络

通信和网络主要是满足功能要求，但这种"满足"，设计师也最好不是被动的，设计不同业务性质的办公空间，就应该了解该行业的最先进的工作方式与配置，再结合客户的具体要求作布置。在布置的过程中，你会发现某些布

图 4-4　MTV NETWORKS 总部办公空间［美国］（设计：FELDERMAN & KEATINGE ASSOCIATES，摄影：Toshi Yoshimi）

局和造型是不得不改变的，如工作台之间的联系、间隔与间隔之间的联系等都有可能会因此改变或要做特殊处理。

4.1.4 专用设备

不同的办公空间，往往都会有不同的专用设备，如银行的保安系统、收发打印设备和各种显示屏、税务系统的发票库和税务设施等，还有一般单位都有的复印机、打印机、饮水机、放映设备和中央播音系统。这些都是办公空间设计的前提和将来整体造型无法避免的组成部分（见图4-5）。

4.2 办公空间的平面规划与设计

4.2.1 人、家具与空间的基本尺度

设计应以人为本，所以设计前首先应对使用者在其中的活动及所需的空间有所了解和研究，还要掌握一定的人机工学的知识，这样才能更好地满足用户生理和心理方面的需求。

还有，以办公桌为中心的家具组合是构成办公空间整体的重要的基本单元，所以决定家具尺度是空间规划的前提。再有，一些习惯的或规定的空间尺度和基本材料的规格对平面规划都具有非常重要的意义，如走道的宽度、门的大小高低，都有一定的习惯或规定；地砖、地毯、木地板、天花和间隔使用的石膏板、玻璃、夹板等，都是有相应的规格的，如何把它们运用好，也是设计成功的重要因素。

4.2.2 空间的平面分配

办公空间平面设计主要有三个任务：一是对各功能的使用空间在平面上作合理的分配；二是对分配好的空间作平面形式的设计；三是设定地面材料和设计其图案。

决定与划分普通工作人员、各级干部、领导和各公用空间的平面使用面积，这是一个统筹的问题。通常，客户在给我们提出设计要求时，往往会定出需要多少个部门和公用空间（如门厅、接待室、会议室、电脑室等），还有领

导需要多少面积和需要有多少设施等。当然我们可以根据经验和感觉把空间从大到小划分，然后再逐步调整，直到合适为止，这是一种常用的方法，但偶然性较大。

除此之外，还可以用计算和统筹结合的方法，即先计算出全体员工的基本工作面积，再权衡全部面积的划分。员工的基本工作面积，就是每人起码的工作台、工作椅、文件柜和工作空间总面积的总和。如目前较小的工作台为1200mm×600mm，按亚洲人身材，工作空间可定为1200mm×850mm，如桌旁还需放1450mm×300mm的文件柜，那么每个员工的纯工作空间为1500mm×1450mm＝2.175m²。如果按6人一个办公空间，室内的两张桌之间设一通道宽1200mm，室外一通道两室同用，宽1800mm，那么连通道每个员工的基本工作面积就为4.31m²。这只是一

图4-5 税务办公空间的设施（设计：黎志伟）

个参考数，因为场地的面积可能是各式各样的，所以未必能适合这种基本工作空间的倍数。另外，建筑中还会有不少柱子、管道等障碍物影响使用面积，这样实际使用面积有可能大些。但如果把每室面积增大，或缩窄通道，每个员工的基本工作面积便有可能会低于4.31m²。尽管如此，还是可以此参考数作依据，乘以总员工数，来确定全员基本工作面积数。再根据总使用面积减全员基本工作面积，即可得出"其他使用的面积"，并以此试作分配门厅、接待室、会议室、资料室、设备间及各级领导的办公空间，看合适与否。若总体空间分配与上述计算接近，那么，我们在安排每位员工基本工作面积时，就必须精打细算，尽量不要超标（见图4-6和图4-7）。

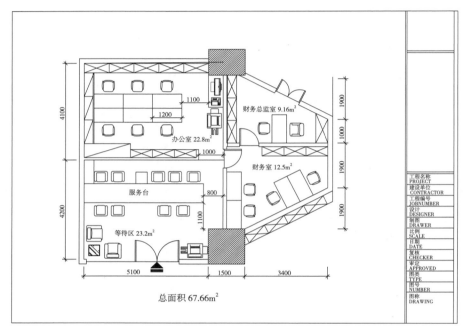

图4-6 办公空间设计平面图（一）（提供：黎志伟）

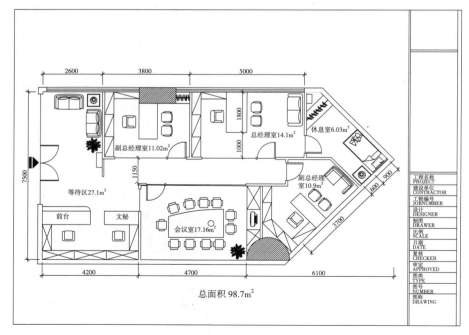

图4-7 办公空间设计平面图（二）（提供：黎志伟）

若"其他使用面积"过大，则可作以下考虑。

（1）如有必要，可扩大每个员工的基本工作面积，即选用大1～2号的工作台（4.31m²/人是以小号台定），有关面积也相应增大。这样可使员工工作更方便、舒适，整体形象也会更气派，也可加宽桌子间的通道，如有必要也可增加摆放沙发、公共资料柜和办公设备的空间。

（2）在征得用户同意的前提下，增设装饰、健身、娱乐等面积。

（3）增设领导、干部和员工休息的面积。

（4）从发展考虑，增加某些必要的办公空间面积或预留备用办公空间。

相反，如果"其他使用面积"不够，则可做以下考虑。

（1）在可能的情况下，压缩员工文件柜的面积或把落地文件柜改为吊柜等。

（2）增加每个办公空间的人数，或者改为大厅式的开敞办公空间，以节省通道和门的面积。

（3）合并某些功能区、如接待室兼会议室、会议室兼卡拉OK室、资料室兼会议室等，使其多功能使用。

（4）改变员工用台的摆设方式，把单列式改为并列式或组列式，也可节省部分通道面积。

4.2.3 功能区域的安排

功能区域的安排，首先要符合工作和使用的方便。从业务的角度考虑，通常的布局顺序应是门厅—接待室—洽谈室—工作室—审阅室—业务领导室—高级领导室—董事长室；如果是层楼，则从低层至高层顺排。工作顺序合理安排有利于工作。另外，从工作需要考虑，每个工作程序还需有相关的功能区辅助和支持，如接待和洽谈，有时需要使用样品展示和资料介绍的空间；工作和审阅部门，也许要有电脑和有关设施辅助；而领导部门常常又有办公、休息、会议、秘书、调研、财务等部门为其服务。这些辅助部门应根据其工作性质，放在合适的位置。另外，所有人员均有吃喝拉撒的生理功能，可能还需在合适的地方配置一定的餐饮和卫生区域。所以在功能区域分配时，除了要给予足够的空间之外，还要考虑其位置的合理性。以下是办公空间各常用区域的安排特点。

■ **门厅**

门厅是给客人第一印象的地方，装修较高级，平均面积装饰花费也相对高（见图4-8）。但其功能除了让人通过和稍作等待之外却无太多的用途，因此，过大会浪费空间和资金，过小会显小气而影响单位形象。办公空间门厅面积要适度，一般在几十至一百余平方米较合适。在门厅范围内，可根据需要在合适的位置设置接待秘书台和等待的休息区，面积允许而且讲究的门厅，还可安排一定的园林绿化小景和装饰品陈列区。

■ **接待室**

接待室是洽谈和客人等待的地方，往往也是展示产品和宣传单位形象的场所，装修应有特色，面积不宜过大，通常在十几至几十平方米之间，家具可选用沙发茶几组合，也可用桌椅组合，必要时，可以两者同用，只要分布合理即可。如果需要，应预留陈列柜、摆设镜框和宣传品的位置（见图4-9）。

图4-8 杭州公元大厦门厅（设计：广东省集美设计工程公司）

图4-9 杭州公元大厦接待室（设计：广东省集美设计工程公司）

图4-10 绿色和平总部大楼办公空间［美国，华盛顿］（设计：ENVISION DESIGN，摄影：Micheal Moran）

图4-11 CUATRECASAS办公空间［美国］（设计：GCA AQUITECTOS，摄影：Jordi Miralles）

图4-12 MORGAN STANLEY DEAN WETTER总部大楼办公空间［西班牙，马德里］（设计：GABRIEL & ANGELSERRANO，摄影：Jordi Miralles）

■ 工作室

工作室即员工办公空间，应根据工作需要和部门人数并参考建筑结构设定面积和位置。首先，应平衡各室之间的大关系，然后再作室内安排。布置时应注意不同工作的使用要求，如对外接洽的，要面向门口；搞研究和统计的，则应有相对安静的空间。还要注意人和家具、设备、空间、通道的关系，定要使用方便、合理、安全。办公台多为平行垂直方向摆设，若有较大的办公空间，作整齐的斜向排列也颇有新意，但要注意使用方便和与整体风格协调（见图4-10）。

■ 部门主管办公空间

部门主管办公空间一般应紧靠所管辖的员工。可作独立或半独立的空间安排，前者是单独办公空间，后者是通过矮柜和玻璃间壁把空间隔开。面向员工的方向，应设透明壁或窗口，以便监督员工工作，里边一般除设有办公台椅、文件柜之外，还应设有接待谈话的椅子，地方允许的话，还可增设沙发、茶几等设备（见图4-11）。

■ 领导办公空间

领导办公空间通常分最高领导和副职领导，两者在档次上往往有区别，前者办公空间往往是全单位之最高水准，后者当然也应该是较好的，但到何种程度，则只能由用户自定。这类办公空间的平面设计，应选择有较好通风采光，也方便工作的位置。有些人还会对方位和形式有信念或信仰方面的需求，我们也是要了解和尊重的。另外，这类办公空间面积要宽敞，家具型号也较大，办公用椅后面可设饰柜或书柜，增加文化气氛和豪华感。办公台前通常有接待洽谈椅。地方允许的，还可增设带沙发、茶几的谈话和休息区。不少单位的领导办公空间还要单独再设卧室和卫生间，这就取决于客户需要和条件允许了（见图4-12）。

■ 会议室

会议室是用户同客户洽谈和员工开会的地方，面积大小取决于使用需要。如果使用人数为20～30人，可选用圆形或者椭圆形的大会议桌形式，这样较豪华和正规。但人数较多的会议室，应考虑用独立两人桌，以作多种排列和组合使用。会议室在必要时应设主席台。现在大会议室很多还同时具备舞厅功能，平面设计时往往还应考虑舞池和DJ房的位置（见图4-13）。

■ 设备和资料室

设备和资料室的面积应根据需要定，不宜浪费。面积

图4-13 东莞鸿禧中心会议室［设计：彭浩强（广州大学）］

和位置除要考虑使用方便之外，还应考虑保安和保养、维护的要求。

■ 通道

通道是不可少也不宜多的地方，在平面设计时应尽量减少或缩短通道的长度，因为这样既可节省面积和造价，也可提高工作效率。但通道的宽度要足够，如主通道最好宽在1800mm以上，次通道最好也不要窄于1200mm，这除了便于行走，也是安全的需要。再有，通道也是单位形象的重要体现，若过窄，不管如何装修也会显得小气。

4.2.4 平面布局的艺术设计

平面布局应把使用功能放在第一位，为节省空间也为使用方便，除因建筑平面形状原因外，常见之办公空间大都是"路直室方"的。有时因场地形状或设计特色所需，也可做一些新颖的设计，如S形、弧形的通道、圆形、椭圆形、扇形的室内平面等，但作这样的设计时，最好不要牺牲太多的使用功能，并要充分考虑立面、天花和其他造型的施工工艺的可能性，以及造价是否允许。

家具的布置通常也是按水平垂直方式布置的，因为这样更节省地方，也便于使用。不过在一些面积较充裕的地方，也有把家具作斜向排列，以此来活跃空间和增加新鲜感。这种设计定要注意通道的方便安全，注意整体环境的协调。

其实，就是"路直室方"的平面，再加"水平垂直"布置家具，也未必就呆板，因为通过对一些局部的修整，如把拐角作小弧形或切角处理，在过长的通道或过方正的地方增加造型活跃的饰物空间等，也能使呆板的空间变得柔和亲切。

作平面布局艺术设计时要注意：一定要对天花、照明和立面通盘考虑，就算未能出具详尽的图纸，也应对其相互的关系作充分的研究，否则，再好的设计，最后不是成为废纸，就是实施完成后不尽如人意。

总之，好的办公空间平面应是布局合理，使用方便，美观大方又具有特色，更重要的是，最后它必须与天花、照明、立面，乃至整体环境有机结合才能体现本身的价值和效果。

4.2.5 办公空间地面用材设计

办公空间地面常用材料与其他装修并无大的区别，只是一般不宜过于花哨和豪华，因为毕竟是工作场所。再有，办公空间大都需要安静，一些过于坚硬或撞击声较响的地面材料应慎用。另外，某些资料和设备室需要防潮、防静电时，地面材料则首先要符合要求。现把常用材料介绍如下。

■ 石材

石材通常有花岗石和大理石两大类，前者硬度较大适合作地板材料；后者硬度低但花纹漂亮，可作地面的拼花图案。石材地面坚实光亮，块面大，有天然纹理，自然、美观、大方且易清洁，但因属天然材料，会因产地、储存量和加工水平之不同，在效果、价格和档次上差别很大。目前低档石材色差大，工艺粗糙且有滥用之势。高档石材，虽然漂亮整洁，但造价较高。在办公空间装修中，由于投资限制或需要安静等原因，往往不宜大量采用石材作地面。而更多的是只在门厅、楼梯、外通道等地方使用档次稍高或者拼花图案的石材，以提高装修档次。而较大面积的地面则根据具体需要选用其他材料。

■ 耐磨砖和釉面砖

耐磨砖和釉面砖是由工厂大批烧制的陶瓷产品。耐磨砖是全瓷化的产品，质地坚硬耐磨（硬度甚至高于一般花岗石），具有整洁、花纹均匀的特点，且造价远低于天然石材，还可抛光，抛光后光洁明丽，但造价也相对高些，这是目前使用较多的地面材料。釉面砖是在陶片表面上釉烧制而成，花色图案丰富且售价低，但不如前者经久耐磨，用久后易脱釉变色，故常被用于临时或档次不太高的办公空间。

■ 木质地板

木质地板具有优雅、自然、吸潮和走动安静的优点，但低档者易损易变形，高档者则造价高，而且木板最大的缺点是不耐磨，必须精心护理才能耐用。此地板多被用于高档和周围环境干净的办公空间。还有，因其吸潮和不易产生静电的好处，也常被用于电脑和高级设备室的地面。

■ 地毯

地毯的优点是优雅、亲切、吸音和走动安静；缺点是易脏和不易清洗，且不如其他材料经久耐用。故多用于领导办公空间、会议室和卡拉OK室等地方。

■ 塑胶地板

塑胶地板以聚氯乙烯为主，加配各种填充剂和配料制成。特点是软硬适中，脚感舒适，还可通过印刷做出种种图案和仿真花纹，故花色品种非常丰富。它还具有重量轻、防震和造价较低的优点；但最大的缺点是不耐磨，所以一般只适合用于人员走动不多，或使用期限短的地面。

■ 聚醚合成橡胶地板

聚醚合成橡胶地板具有耐老化、耐油、绝缘性高和防静电的优点。但目前品种较少，表面效果也不如其他材料，故一般只适合用于电脑房等有防静电要求的地面。

4.3 办公空间的照明设计

4.3.1 功能照明

功能照明一般用于工作空间，主要是满足工作需要的照明，适用于使用电脑作业、非使用电脑作业和两者同时使用三种工作环境。如果只是使用电脑，因为主要视线集中于电脑屏幕，环境的光线不宜太亮［根据2004年的建筑照明标准，办公空间为：200lx（低）～500lx（高），特别精细作业面不小于700lx］，可取200～300lx；非电脑作业则应取500～700lx；两者同时使用，通常取300～500lx，如果条件允许，最好是采用可分别开关的灯组，也可以用增加台灯的办法解决。

光照度可以用"照度仪"测定，至于设置什么灯具和多少数量能达到上述的光照度，是一个比较复杂的问题，因为涉及空间的高低、大小、材质、颜色、灯具的质量、光照形式等诸多的因素，所以没有固定的公式可用。但从经验看，一般的高约3m，3.2m×6m左右的天花和墙壁为

浅色乳胶漆的普通空间，如果使用3×40W的带栅格日光灯平均分布，就需要3个，即18W/m²，此时离光线近的桌面的照度约为300～400lx。如果换成节能筒灯，从瓦数计算，大约可减少1/3，但这只是参考例子。实际上，不同牌子的灯管，其亮度都会有区别；灯管的新旧，其亮度差别也很大，而且光照度的测定，不同位置都会有所不同。

在决定照明方式和照明数量后，首先就是要设定照明的重点。通常，办公台、会议台、谈话区、走道等，都是需要光照较好的位置，所以主照明不应离其太远。接着要考虑的是灯饰在天花上的美观性，例如，一个完整的造型天花，如果灯饰只顾实用而布得杂乱无章就会破坏其美感。所以，天花灯具的布置，同样应该遵循实用和美观结合的原则。

常会遇到在一个天花平面上，不同位置所需光照度不同的问题。简单的解决方法是把全天花的照度都加强，使整体每处都亮堂堂。但这只是一种勉强的办法，因为灯光不但是起照明作用，同时也是塑造环境气氛的重要手段，到处均亮，往往容易失去环境的情调。此时较好的方法是，根据照明分布需要，重新设计天花。如把一个天花分为不同的造型，使分布不均匀的照明与不同形式的天花造型有机结合，使其成为形式多样的天花造型和主次分明的照明效果。

办公空间照明所用的灯饰，通常比较朴素（大厅、会议室、领导办公室有时例外），用得最多的是日光灯、筒灯，其中日光灯单价适中，光照面积大且均匀，用得最多。但安装与更换灯管和变压器较麻烦。白炽灯用电多且光线昏黄，已较少用，取而代之的是节能灯泡，其单价目前仍较高，但省电且光线清亮，所以用者也越来越多（见图4-14和图4-15）。

4.3.2 艺术照明

办公空间的艺术照明就是装饰用的灯光，多用于大厅、走廊、会议室、高级办公室等空间，这种照明通常以反射光带、造型、点射光等形式使用，其作用是塑造浪漫、神

图4-14 SYUDIO CLARET SERRAHIMA办公空间［西班牙］（设计：IGNACIO FORTEZA，摄影：Eugeni Pons）

图4-15 ACACIA 旅行社办公空间［西班牙］（设计：MARTA ORTEGA BATLLE，摄影：Eugeni Pons）

秘、旷远等带情调性的环境气氛。还有就是对一些景物、艺术品、标识、样品进行重点塑造的照明。这些照明除了使用日光灯作反射光源外，一般都使用霓虹灯、软管灯、LED灯、石英灯、金卤灯等比较特殊的光源。艺术照明，特别是反射光带，对功能照明具有添加作用，在垂直下的环境，其照度可达到直接照明的30% ～ 50%，而且必须注意的是：光带的光具有炫目的效果，短时间内可产生浪漫、旷远的效果，但时间较长（如超过30分钟）之后，人们会有"眼花缭乱"的感觉，所以在需要集中精神工作的普通办公空间不宜使用（见图4-16 ～ 图4-18）。

4.3.3 光与空间设计

光的空间设计是光照的纯艺术应用，即只以造型为目的。随着光源科学和技术的发展，人们已经可以制造出各

图4-16 杭州公元大厦公共空间（一）（设计：广东省集美设计工程公司）

图4-17 杭州公元大厦公共空间（二）（设计：广东省集美设计工程公司）

图4-18 广州某税务局办税厅（设计：黎志伟）

图 4-19　杭州公元大厦外公共空间艺术照明（设计：广东省集美设计工程公司）

图 4-20　杭州公元大厦室内空间艺术照明（设计：广东省集美设计工程公司）

种各样的绚丽、耐用和节能的光源，也随着商业和文化的竞争越来越激烈，无论是国家、城市，还是企业对自身形象和环境的要求也越来越高，于是，一种以光塑造具有艺术特色的空间的设计也应运而生。因为人们发现，光的颜色、质感、强弱可以像音符和形色那样塑造各种各样的造型和形象，而且特别是在夜间或亮度低的环境，其绚丽、神秘的视觉传达效果，更是其他造型形式所无法比拟的。在办公空间的设计中，在大厅、走廊、会议室、景观等场合，通过光的造型设计，可以塑造有特色的艺术环境和空间。但注意不要滥用，否则也会造成"光污染"，产生浪费用电等副作用（见图 4-19 和图 4-20）。

4.4　办公空间的天花设计

不少人在惊叹的时候会说"我的天啊！"但为什么不说"我的地！"或者"我的……"可能是因为天高深莫测，既给人光明和幸福，也给人灾难。工作空间的天花虽然无比神奇，但却同样是高悬于我们的头上，可以给我们幸福和光明，也可以带给我们灾难。现代人不但需要室内有理想的温度和湿度，还要有不同气氛的照明和无处不在的通信手段，以及为工作和娱乐的影音设施。所有这些均要通过电器布线和管道铺设来实现，再综合施工和维修方便，且少占使用空间等因素，恐怕天花是最合适的布置管线之处了。因而，现代装修中，与墙身和地面相比，天花是管道线路最多和最复杂的地方，也是电线起火最多的地方。所以说天花可以给我们幸福和光明（照明），也可以给我们灾难是毫不夸张的。下面我们就来分析工作空间天花设计的功能与形式特点。

4.4.1　天花、设施与空间

天花是环境与空间中的一部分，其造型应给人以美感和舒适感，还应与环境形成适合的协调或对比关系。

在进行装修的天花设计之前，应先充分了解原建筑天花及建筑梁的结构和使用功能所需放置的种种电线、管道和设施。天花，有可能与消防、空调管线和电器布线的形式一起设计，也有可能是在空调和电器布线已设计完，甚至已布置好之后，才开始设计。前者，天花设计的主动性大些，但对设计师的知识面要求更高，因为他（她）必须懂得电与空调设施的基础知识；后者，设计师较被动，因为消防、空调和电的设施已对天花的高度和形式有了相当的限制，但并不意味设计师便无所作为，好的设计师仍可以在这些限制下发挥才能，设计出高水平的天花造型（见图 4-21）。

4.4.2 天花的造型

工作空间的天花，如果楼层高度和管道设施约束不多的话，应该简洁、大方。原因是工作空间的平立面往往都满布设备和家具，且天花往往也是使用者视觉停留和放松的地方之一，而简洁的天花既有利于对比，也可以减少环境的凌乱。如果工作空间内是平面吊天花，作为一种装饰的补偿，在门厅、会议室和通道，则最好设置别致的造型天花，这样既可避免整个环境的天花过于单调，也有助于提高装饰的档次和塑造本单位的独特形象。再有，工作空间的天花虽然要简洁、大方，但不等于就是呆板平淡、千篇一律。可能的话，在设计中要力求简洁中见新意，大方中求独特（见图4-22）。

以下对常见天花形式作介绍，但每种形式并非一种固定的面貌，而只是一种类型，每种类型通过设计还可产生千变万化的独特面貌。

■ 平面天花

平面天花是一种最简洁和简单的天花，只需平面吊木方或金属的骨架，再钉上或放上各种平面的夹板、石膏板、金属板或复合板即可。平面吊天花还分固定和活动两种，前者是钉上后再刮灰和涂喷颜色，所以整体效果更平整简洁。后者饰面通常已先做好，届时放在框架上即可，完工后的天花表面通常有格状或条状的装饰线，虽不如前者简洁，但便于维修天花内的设施。平面吊天花形式虽简单，但仍可通过平面的分割、接缝宽窄起伏的处理、色彩的变化、照明的方式，塑造各种风格独特的造型（见图4-23和图4-24）。

使用平面天花的前提是要有足够的高度，如面积在30～40m² 之内的工作空间，天花净空高度最好在2.5m以上；如果是更宽大的空间，则相应要更高些，否则，就会有压抑感。

■ 叠级造型

叠级造型是同一个空间中，把天花设计成一级至数级的不同高度。其优点是：较低的位置可以放置管道、线路或所需的照明，而其他的位置则可争取较高的空间。这种造型天花在门厅、会议室、通道、领导工作空间等地方用得较多，特别是在一些高度不足，而建筑梁又多的空间中较适用。作此形式天花设计时，定要注意天花和平面、立面的协调关系，天花的叠级的位置应与平面的布置有相应的关系，所形成的高低空间应符合使用者的使用功能和心理习惯。例如，人走

图4-21 杭州公元大厦公共空间天花（设计：广东省集美设计工程公司）

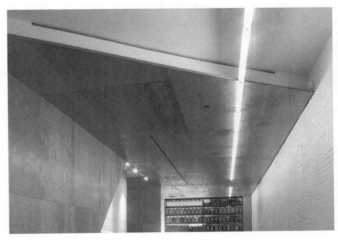

图4-22 ELIZABETH AFORD办公空间天花［美国］（设计：ELIZABETH AFORD，摄影：Jordi Miralles）

图4-23 OSHO INTERNATIONAL办公室天花［美国］（设计：DANIEL ROWEN，摄影：Michael Maran）

图 4-24　杭州公元大厦会议室天花（设计：广东省集美设计工程公司）

图 4-25　FREEHILL 律师事务所门厅天花［澳大利亚］（设计：GRAY PUKSAND，摄影：Shanina Shegedyn）

图 4-26　杭州公元大厦夹层天花（设计：广东省集美设计工程公司）

动或站立的公共空间可适当高些，坐下休息的空间可以相对低些；相反，就会显得不协调。还有，天花高低落差的位置，最好不要卡在家具或造型上，否则也是难以协调的。另外，天花造型有导向作用。例如，一条笔直成行的通道天花，如果下面是不规则的障碍物，那么除非人们小心翼翼地行走，否则就容易碰伤。再有，应注意叠级天花与立面的整体关系，如果立面造型丰富且复杂，那么天花就应尽量的简洁；相反，则应在造型上力求丰富多变（见图 4-25 和图 4-26）。

■ 局部叠级和局部吊顶天花

局部叠级和局部吊顶天花是把管道、建筑梁或照明部分作造型天花，而保留其他部分的原建筑天花。这种形式由于可以在有效包饰布管布线后，仍最大限度地利用原建筑的高度，故特别适合一些楼层不高，建筑梁柱比较规则的建筑（见图 4-27）。

这种设计不但要注意造型天花和原建筑天花的协调关系，也要注意天花、平面和立面的关系。

■ 不吊天花

在一些较低矮且管道线路又多的楼层中，不吊天花，而让所有的管道和线路都外露，也是一种时而被采用的"天花"形式。虽说无天花，但总体造价有时会更高些。因为管道和线路外露，便需更精心的设计和安排，布局要尽量均匀美观，通常要作水平垂直排列，一些主管道和线管更要精心制作（甚至要在工厂定做）。另外，在布线管完成后，还要用油漆把所有线路、管道、原建筑天花和建筑梁都喷成统一颜色。这种形式的优点是能使室内得到最大的空间，并有机械式的现代美感，各线路和管道日后维修和改动也较方便；缺点是形状复杂，容易挂灰尘，吸光较大，空调费用也相对会多些。

■ 光棚式天花

光棚式天花是在天花的某部分或全部用木或金属作图案框架，在架上放置透光片（通常为喷砂玻璃、塑料灯片等材料），在棚架上排布日光灯，灯光通过灯片的散射形成整个棚通亮，如同天窗透光的天花造型形式。此形式天花的优点是光照均匀、自然。在一些高度不够，但又需装吊天花的空间中，可以通过透光效果，产生较高的"心理空间"，即给人以高于实际尺度的空间感。缺点是造价较高，用灯多，耗电也较高，透光片要定期清洁（见图 4-28）。

4.4.3　天花与平立面的关系

在前面天花造型一节中已顺带提过天花与平面的某些

（a）

（b）

图 4-27　绿色和平总部大楼办公空间天花 [美国，华盛顿]（设计：ENVISION DESIGN，摄影：Micheal Moran）

图 4-28　PROCTEER & GAMBLE 办公楼天花 [德国]（设计：AUKETT+HEESE，摄影：Wemer Huthmacher/Artur）

图 4-29　MONTFORT WEBURG GMBH 办公空间 [澳大利亚]（设计：OSKAR LEO KAUFMANN ACHITECTS，摄影：Adolf Bereuter）

关系，在此再从整体的角度进一步讨论天花与平立面的关系（见图 4-29 和图 4-30）。

通常的设计程序是先进行平面布局，完成后再以此为基础进行天花的设计，在此也可看出平面与天花是一种重叠的关系。相比之下，立面则有更多的独立性，首先因为它与天花不存在重叠关系。再有立面往往有文件柜、间壁、窗户等形态各异的造型，在形状上与天花差异很大。从整体来看，既然立面与天花对比较强烈，如果加强天花与平面的呼应关系，对形成整体环境气氛是会有很大好处的。

天花与平面的造型可用协调或对比的手法来处理。

如立面造型复杂，文件柜和摆设又多，那么天花与平面最好采取较协调的形式；如天花采用平面吊，或稍带韵律感的简洁造型，地面则用单色的材料，或与天花造型相呼应的

图 4-30　THE CITY OF SACRAMENTO 大楼门厅天花 [美国]（设计：AC MARTIN PARTNERS, INC，摄影：David Wakely）

柔和的拼花图案，用协调的天地造型衬托立面的变化。

总之，天、地和立面是三位一体构成整个环境的。三者在形式上若平分秋色，则环境的整体气氛较弱，往往会不是难于协调就是过于单调；三者之形色若采用二比一的对比关系，则对塑造整个环境的整体气氛更有利，各种关系也更容易处理得自然大方。

4.4.4 工作空间天花常用材料

工作空间天花用材与其他装修并无太大的区别，只是某些材料更适合工作空间使用，而另外的一些却不那么适合罢了，这是由工作空间的特点所决定的。

■ T形龙骨天花

所谓T形骨，实际上是倒T形的型材，有轻钢骨喷色和铝合金两种，分宽龙骨和窄龙骨两种，通常可构成600mm×600mm的方格，格中再放防潮钙化板、矿岩棉板、铝板或天花棉板即可。

■ 扣板天花

扣板天花分条形和方形两种，材质有铝质、不锈钢和塑料三大类。其中条形的造价稍低。

■ 木龙骨天花

木龙骨天花是以木方做骨架，架上钉夹板，再做刮灰和饰面处理。因易于施工和造型，是传统装修最常用的天花形式。但木材属易燃物体，木方与夹板均要按标准涂防

火漆，按公安防火规定，在公共场所还是不允许大面积使用，而只能用于天花中需要造型的部分。因是密封式天花，要留维修口。

■ 轻钢龙骨石膏板天花

先安装轻钢龙骨框架，再用螺丝固定大块石膏板，然后再刮灰和涂乳胶漆或作其他面饰。这是目前因防火原因不能用木质天花时，做无缝线平面天花的最佳选择。同样是密封式天花，要留维修口。

另外，还有一些为创造表面特殊效果选用的特殊材料制作天花，如玻璃、金属、原木等。

4.5 办公空间的立面设计

在办公空间平面设计时，已对立面的使用有了位置的限定；在天花设计中又定好了天花造型和照明方式与位置；也就是说，实际上立面的设计已经有许多的限定，立面的设计就是在这些限定的前提下，把立面形象化和具体化（见图4-31）。

立面是视觉上看得最多的位置，不但要有好的使用功能，还应该有新颖大方和独特的形象风格。另外，立面有四个面，而天花和地面都只各有一个面，所以立面也是面积最大的装修部分，往往也是装修投资最大的部分，所以立面设计得好坏，可能对全装修有决定性的影响。虽然立面的功能与形式似乎也更复杂和多姿多彩，但归纳之，恐

（a）

（b）

图4-31　杭州公元大厦室内空间立面设计（设计：广东省集美设计工程公司）

怕也只是门、窗、壁、柜和纯装饰五个方面，下面我们就从这五个方面进行探讨。

4.5.1 门的设计

门是开合活动的间隔，具有防盗、遮挡和开关空间的作用，但在办公空间的门却与住宅并不完全相同。首先是大门，其防盗性要求本应很高，但因属门面，是"面子"的主体，故常常宁可使用保安值班或电子监视设备，而使用通透堂皇的大门，却也很少像住宅门那样搞得森严壁垒。现在一般办公空间的大门（除了个别特殊行业外）大部分都采用落地玻璃，或采用至少有通透的玻璃窗的大门，其作用是让身人看到里面门厅的豪华装修和企业形象，起广告的作用。如果同时还希望加强其防盗性，便在外加通花的金属门。因大门一般都较宽大，有两扇、四扇、六扇，其宽度往往在 2000 ~ 10000mm 之间。而外加的通花防盗门，目前用得最多的是不锈钢的通花卷闸门。因为这种通花卷闸门白天可卷起隐藏在门檐上面，下班后通过手动或电动拉下。当然，也有用全密封式的卷闸门，其好处是更封闭，用户在心理上会感觉安全些，缺点是形象档次不高。还有单位会在封闭式卷闸门上喷上企业名称，虽有广告效果，但对于提高企业档次并无帮助。

大门虽有诸多功能限制，但装饰还是可以五花八门的。传统的大门，都是先用木材或金属等硬（韧）度较好的材料作框，然后再封板或镶玻璃而成。门上可装饰各种图案和开各式的窗口，还可在门窗上作木或金属的通花，更显

其精细和豪华，这类形式的门，有豪华稳重感，但目前用得更多的是落地玻璃门；其采用不小于 12mm 钢化玻璃，再通过安装不同的玻璃门夹而具有不同的造型，因为落地玻璃门较重（12mm 玻璃，比重 22 ~ 24kg/m²），所以一般要用地弹簧方式开合，大门的玻璃还可作刻花和喷沙的图案，以增其豪华，显其精致。

另外，现在大门的拉手也越来越讲究，究其原因，恐怕是因所处位置和作用与人最亲近且接触最多。目前，大门拉手品种繁多，贵贱由人；高级的可包真金和镶嵌名贵石材，单价可过万元一副，便宜的则只要数十元。在设计选用时，要注意拉手与门以及环境的关系，并要根据投资而定。

玻璃门夹和地弹簧的选用：拉手的装饰作用尽管很大，但对安全影响并不大，在选用贵价拉手的同时，更要先选用其坚实耐用、做工精细的，好的玻璃门夹。优质地弹簧除了具有同样优点之外，还有回位准确和分级缓慢回位等的优点。曾有这样的装修例子：门的拉手选用数千元一副的豪华型，而玻璃门夹和地弹簧却选用便宜货，结果没多久，门倒了，玻璃与拉手均"全员玉碎"（见图 4-32 和图 4-33）。

大门的外形，常见是长方形，但在不影响开关的前提下，也有弧形和梯形等形式。但异形门造价高，且不如方形门牢固，故在设计时除因特别效果必须外，不宜滥用。

大门的开关形式，有推掩、推拉和旋转式。旋转式门

图 4-32 杭州公元大厦大厅大门（设计：广东省集美设计工程公司）

图 4-33 杭州公元大厦夹层大门（设计：广东省集美设计工程公司）

的作用是可以保护室内空气少外流，起保温作用，在北方用得较多，但由于通行不大方便，且占空间较多，在南方较少用。现在由于风帘机的使用，也相对解决了推掩和推拉门开合时的空气外流，所以，现在北方的新建筑也较少使用旋转门了。另外，旋转门还有一个不可忽视的弱点，就是遇到火灾时不利人群疏散。

与大门配套的，一般还有门套，其作用是固定大门并承受大门开关时产生的扭力，因此一定要结实。门套的内结构一般是角钢焊成的架子或直接用钢筋混凝土浇铸，外饰面多为石材或金属。设计造型时，除要注意整体效果外，还要注意结构的牢固、安装的可能性和材料收口的美观。

门套和门相比，因不用活动，故造型的余地更大。在一些创意或娱乐的单位（如设计公司、娱乐行业），其门套造型可做得非常个性化，可以塑造强烈的企业形象。

除大门外，室内间隔的门也是设计应重点考虑的方面，原因是现在办公空间通常窗与玻璃的间隔较多，剩余之墙面多为文件柜所占据，且所占面较积大、功能性强，不宜过多装饰，所以，立面的房间门和专门设的装饰往往会成为视觉重点。门和饰物相比，因为一般具有重复性的特点，所以设计新颖的门排列在整体环境中，能起很好而且很自然的装饰作用。

房间门可按普通办公空间、领导办公空间和使用功能、人流量的不同而设计不同的规格和形式；还可分为单门、双门、通透式、全闭式、推开式、推拉式等不同的使用功能，造型也可以有各种各样的形式和档次。在一个办公楼中，也许会有多种形式的门，但其造型和用色应有一个基调，再进行变化，要在塑造单位整体形象的主调下，进行变化和统一。以下是几项可供参考的规则。

（1）门的设计可根据客户的业务性质，并与整体装饰环境的关系来构思其造型（见图4-34）。

（2）确定门与环境对比或协调的关系及其程度。如整体环境窄少，且摆设多，那么门的形式应简洁些为好；如整体环境为单调的文件柜及玻璃间壁，那么门的设计便应起到画龙点睛的作用，可设计得新颖醒目。

（3）如果门的周围是全玻璃间隔或半玻璃间隔，门的

图4-34　中国美术学院教学楼内空间的门（摄影：黎志伟）

造型最好也留有与之呼应的玻璃窗，这样有利于造型的协调。反之，玻璃间壁衬托全封闭门或全封式间壁衬托全玻璃门。会形成非常强烈的对比关系，如果能处理恰当，可成为一种大胆的个性化的形式。

（4）应在办公空间的门或门套的醒目位置留出部门名称的位置，可用铜牌、不锈铜牌刻字，也可直接雕刻或印贴在门的玻璃上。名称牌放在门套上不如放在门上醒目，但放在门套上的好处是不会因门打开而看不到。

（5）门的尺度要适中，太小会显得空间过于小气，太大除要考虑比例协调外，还要考虑其长久使用的牢固性。如果是板式或空心结构的门套，在装门的铰链和锁的位置要特别加固。

（6）门的拉手和锁是既有用而又醒目的装饰配件，要认真选配。门锁是易耗损配件，应尽量选质量好的。

（7）门套的设计。通常有门就有门套，门套与门应作为一个整体来设计。如果门套在开门的一边是玻璃间隔时，门套上应留房间灯控开关位置。门套是固定门的框架，在结构和感觉上都应牢固。门套如果是板式或空心结构时（这是常用的），应在安门的活页和锁孔位置特别加固。

4.5.2　窗的装饰

窗的形式因直接影响整个建筑外观，故一般应由建筑设计来完成。但现代建筑往往窗的面积较大，对室内装饰

图 4-35 LEWIS AND CLARK STATE OFFICE BUILDING［美国］（设计：BNIM ARCHITECTS，摄影：Mike Singlair+Farshid Assassi）

图 4-36 HERMAN MILLER INTERNATIONAL UK 总部［英国］（设计：GENSLER，摄影：Gensler/Hufton+Crow）

影响较大。因此，从室内设计角度如何把窗装饰好，仍是值得研究的（见图 4-35 和图 4-36）。办公空间内立面可装饰的部位不多，一组或一个造型独特的窗户，有时对整个环境的装饰构成有重要的作用。常用办法如下。

（1）设计有特色的窗帘盒、窗台板，甚至是整个窗套。

（2）设计或选用有特色的窗帘。窗帘由于面积大，而且可采用很艺术化的图案和色彩，再加本身的造型的多样化和具有透光效果，其装饰作用很大，如果能塑造出优美的造型，对美化整个环境气氛有不可忽视的作用。

（3）给窗户设计有特色的通花栏网，一方面加强窗户的防盗性，另一方面通过窗户的自然光照射，使窗户成为一处透光的装饰景。

（4）利用窗台的内外作摆设植物的设计，既利于植物生长，又使窗户成为自然景。

4.5.3　墙身的装饰

常见墙身的饰面材料包括以下几种。

■ 墙纸

目前墙纸已有多种材质和花纹图案，可根据设计效果来选择。墙纸的特点是花纹图案丰富多彩，效果优雅，适合在较大的面积中使用，如会议室、豪华宽敞的办公空间等。在较窄小面积和起伏的造型墙壁上，效果稍差。

■ 乳胶漆

质量好的乳胶漆表面平滑，有柔和光泽，色彩优雅而耐水耐脏。乳胶漆可喷可涂，若大面积则喷的效果较好。由于其经济实惠，还适合各种造型，故在现时办公空间墙壁中使用较多。

■ 多彩喷涂

多彩喷涂（水溶性涂料）性能与乳胶漆相仿，但多了细密的彩点（也有较粗而成花状的），几年前较流行，但由于凸起的小点容易挂灰尘，而且还缺乏明亮感，所以现在办公空间中，除了特殊效果需要，用得不多。

■ 板材饰面

首先在墙身做木方架，在面上封夹板，然后再贴饰面夹板，表面油清漆，显自然木纹，效果豪华自然，是较高级的墙饰面。但在现时办公空间墙饰中，一般多用作装饰或造型用，因其大面积使用时缺乏亮度和简洁，效果反而不理想。饰面板有各种档次，同是 2400mm×1220mm 的规格板，单价从几十元至几千元不等，在设计中可根据需要作选择。但越高档的饰面越要慎用，千万要避免"贴钞票"的感觉。

■ **壁毡类**

用壁毡作饰面，效果柔和亲切，有吸音作用，还可以多次摁图钉不留痕迹，特别适合临时钉挂图片的墙壁；但其易沾灰尘，脏时需用特殊喷剂清洗，洗次数过多易坏。故一般适合用在会议室墙壁和展示柜内壁墙面，靠地面或人多摸蹭的地方则不适用。

■ **石材壁**

通常石材包括大理石和花岗石两种，石壁具有天然花纹，坚硬光亮，易于清洁，且经久耐用。但造价高，工艺难度较大，通常只适合作门厅墙壁或走廊的部分造型装饰。在室内用石壁过多，不但造价高，而且有冷冰冰的感觉，所以一般不适合大量使用。

■ **防火板壁**

防火板壁的特点是品种繁多，图案与色彩丰富，有各种材质效果（如石纹、木纹、金属、皮革等），还具有耐脏、易清洗和耐用经新的好处。因要做木方夹板底才能贴饰，所以造价高于墙纸、壁毡和乳胶漆，但在某些办公空间的装修中，仍是用得较多的饰墙面材料。由于是人造材，有越是大批生产，就越便宜的特点。有时其降价也会导致其装修"贬值"。相反，天然材料，如石材和木材，却因越来越少而有升值趋势。

■ **人造砖材壁**

人造砖材壁指有各种规格、质感、色彩和图案的方形、条形砖和瓷片，其特点与石材壁相近。虽然目前已有 1000mm×1000mm 的较大规格板材，但仍无法与大规格的天然石材相比。作门厅墙壁，档次不如天然石材；作办公空间的墙壁又易显冷清，故目前除卫生间和一些易潮湿的墙面使用之外，其他地方用得不多。但现在办公空间装修有回归自然的趋势，如果是装饰自然风格和"后现代主义"风格的办公空间，这类材料还是会大有用场的。

■ **组合材料壁饰**

前面所讲的壁饰材料均是进行独立介绍的，但如果在设计过程中，能取两种以上的材料，穿插组合使用，构成较大面积的装饰壁，效果也会很好。如木材与石材的组合、木材与壁毯的组合等，均可取各种材料之优点，并在色彩

和质感上形成自然对比，产生丰富的效果。但此类壁饰定要注意办公空间的风格特征和整体的协调关系，否则容易眼花缭乱，反而降低整体档次。

■ **特殊用途壁饰**

随着信息技术的发展和普及，信息传播和沟通的要求无处不在，在办公空间设计中尤为如此，所以各种"信息墙"就用得越来越多。技术含量较低的用途壁有装裱了漂亮饰面的铁皮墙，只要用小磁铁块就可以压贴各种通知、海报等视觉传达资料，还有放投影专用的白色哑光壁；技术含量较高的有 LED 墙和电视屏幕组合墙，可直接与电脑屏幕同步直播影视和图像资料。

以上所举均为目前常用壁饰材料，实际上壁饰材料的发展是日新月异的。另外，不同的设计师，有不同的想象创造力和设计风格，若能出奇制胜地采用新材料或新的材料组合，也同样会有很好的效果，只要符合实用大方、美观和有助单位形象塑造的原则即可。

4.5.4 玻璃间壁

除少量必要的实壁之外，一般办公空间较流行用玻璃间壁，特别是走廊间壁，其原因：一是领导可对各部门一目了然，便于管理，各部门之间也便于相互监督与协调工作；二是可以使同样的空间在视觉上显得更宽敞。因此，玻璃间壁便成了现代办公空间中立面面积较大的一个部分，以下是常见形式及其特点。

■ **落地式玻璃间壁**

落地式玻璃间壁的特点是通透、明亮、简洁。因其面积大，故应用较厚的玻璃（如 12mm 或以上，如造价允许，最好用钢化玻璃）。这种间隔往往不是直接落地，而是安在高 100~300mm 的金属或石材基座上（见图 4-37 和图 4-38），基座的作用是防撞和耐脏。这种间壁设计的前提是：室内空间一定要够宽敞，家具布置最好能与间壁有一定距离，否则，紧靠玻璃的家具面不易清洁，在玻璃外面看就会更显脏乱，反而会降低装修的档次。

■ **半段式玻璃间壁**

半段式玻璃间壁即在 800~900mm 高度以上作玻璃间

图 4-37 CUATRECASAS 办公空间［美国］（设计：GCA AQUITECTOS，摄影：Jordi Miralles）

图 4-38 MONTFORT WEBURG GMBH 办公空间［澳大利亚］（设计：OSKAR LEO KAUFMANN ACHITECTS，摄影：Adolf Bereuter）

壁，下面可做文件柜，也可用普通墙壁。这种形式的间壁与落地式玻璃间壁具有相似的优点，而且还较适合空间紧凑的办公空间，因其既可紧靠间壁摆设家具，也可增加文件储存的空间（但两者同时使用时，要注意存取柜内物品的便捷性）。这种间壁在通透宽敞方面则不如落地式玻璃间壁。

■ **局部式落地玻璃间壁**

局部式落地玻璃间壁即在间壁的某部分作落地式或半段式玻璃间壁。此形式之优点是能保留一定的墙壁或壁柜空间，也可留下通透的位置。但在通透和视觉宽敞方面不如前两者，而且在设计上一定要特别考究，否则易显小气。

以上隔壁，均可在壁和玻璃部分再作各式金属或木质的通花格造型，以增加豪华感。在玻璃表面，也可作局部喷沙或贴各种带花纹的透光窗纸，也可在透明部位装各式的窗帘。

4.5.5 壁柜的设计

这几年以来，无论家居还是办公空间，都流行用壁柜作间隔（见图 4-39 和图 4-40），原因有三：一是可以减少占地空间，增加存放空间。按说这几年的建筑面积已大幅

增加，但仍未到随心所欲的地步，故仍嫌不够。一些繁华地段，更是寸金尺土，有钱的用户也舍不得浪费地方。二是壁柜与壁形成一体，室内空间更简洁。因为现在无论家居还是办公空间，各种设施和摆设都较多，简洁的壁柜有助于减少空间的凌乱。三是柜子从以前既装饰又实用的双重功能，已变成更注重实用功能，因而不再需要太突出柜子本身。以下是壁柜设计的一些技术要素。

（1）如果是拆墙做壁柜时，定要在设定方案前先搞清楚建筑结构，因为承重墙是不能拆的。某些非承重墙，虽然上下有建筑梁承托，但若建筑质量欠佳，拆墙后仍会影响建筑安全，因此拆墙前，最好能找到原建筑结构图，并由有经验的建筑结构师来测定和指导。

（2）设计壁柜前，定要先搞清客户储放的文件和物品的规格与重量，及其存放的形式。此时，常会遇到一些矛盾：如文件与物品规格不一，按最大的设计浪费空间，按最小的设计则更不行，这时一定要认真统筹，寻找最佳的方法，做出各种不同规格的内空间，在外观上又要尽量使其完美。还有就是这些常用的文件和物品，需要一目了然、对外展示的，要在壁柜上做专门的展示层格，有必要时，

图 4-39 国家资源保护委员会办公室［美国］（设计：LEDDY MAYTUM STACY ARCHITECTS，摄影：Cesar Rubio）

图 4-40 WHITE ROCK OPERATIONS BUILDING 办公空间［加拿大］（设计：BUSBY PERKINS+WILL，摄影：Coliin Jewall & Enrico Dagostini）

还要考虑展示的照明，也可加安玻璃门以防尘。

（3）壁柜一般虽然不宜突出本身的造型，但因在空间中占面积较大，故本身的造型与形式仍是很须讲究的。电影有最佳主角，也有最佳配角。壁柜形式的考究，就是如何做好配角，而且是一个造就环境气氛的配角。壁柜的门，是构成环境气氛的重要因素，它如同四方连续图案中的单独纹样，是通过独立形式的反复而形成韵律感的。一组造型美观、色彩优雅的柜门，会给空间与环境增辉不少。

（4）壁柜是消耗板材较多的项目，其规格最好符合板材的开度。如使用 2440mm×1220mm 规格板材时，柜深度最好是 240mm、300mm 或 400mm 等规格，柜宽度除要考虑省材，还要考虑层板和门的牢固和美观，较常用的宽度规格是 800～900mm。高度在 2440mm 以内较便于使用，低于 2200mm 则会显小气。不算柜脚和顶柜，壁柜如果高于 2400mm，则会既费工费料，也不便于使用。

（5）壁柜易损坏之处是门和"柜脚线"。门是开关次数多了之后，铰链会损坏，故应精选门铰、连接螺丝乃至连接处的木材；柜脚线易损，往往是潮湿所致，原因常是洗地、拖地的水侵蚀木材发胀所引起。故壁柜如果置于砖石地板上时，柜脚要特别注意防潮处理。必要时，也可选用石材、砖材或瓷片等防水材料。

4.5.6 营业柜台

营业柜台在某些办公空间中（如银行、税务所等）不但因功能需要而不可缺少，而且因所处的位置是在大堂

或门厅中的当中位置，所以还是单位形象的一个重要部分（见图 4-41 和图 4-42）。营业柜台设计时应注意如下事项。

（1）营业柜台是为功能而设，首先要充分满足其设备安置和工作使用的要求。前者包括设备摆放位置、供电、信号传送等；后者包括工作台椅、柜台、照明、资料的存放和取出等。另外，还要考虑顾客对柜台使用的要求，如柜台名称牌和业务指南，顾客站立、等候和休息的位置等。

（2）营业柜台的造型。因其重要性和所处的显赫位置，其造型和用料往往都非常考究。但柜台由于受内外功能的限制，其大的造型一般难以有太多的变化，如高度、宽度等都应是根据功能需要而定的。但尽管如此，有经验的设计师还是可以在柜台的局部造型上进行精心的设计，特别是在柜身和台面上下工夫，通过不同的起伏造型和材料组合，使其产生千变万化的形态，塑造出款款新颖的造型。一般来说，营业柜台的造型应以稳重大方为主，但也不乏独特和新意，更要起到加强和美化企业形象的作用。

（3）营业柜台的用材。虽无特别限定，但由于其造型特征及所处位置，其材料一般应是档次较高和经久耐用，往往还要注意耐湿耐脏。因此，一般使用石材、高档木材较多。或者就不同部位使用的不同要求，而分别用不同的材料，如木柜身配石材柜脚和台面，或木结构镶嵌高级石材或包饰金属边等。

（4）营业柜台的防盗、防劫措施。这是某些行业所必需的（如银行、税务、经销名贵商品的单位等）。其措施一

图 4-41　东莞鸿禧中心营业柜台［设计：彭浩强（广州大学）］

图 4-42　东莞鸿禧中心接待柜台［设计：彭浩强（广州大学）］

般有防护和报警两方面。防护是加强柜台和间格的结构，如在柜台中装钢筋混凝土墙，在间壁上用防弹玻璃或增设防盗网等。报警设施是安置摄录设备和"脚踩"报警开关，一旦遇劫，员工可即时用脚踩开关报警，摄录设备则可监控和记录现场情况，以方便破案。

4.5.7　装饰壁画与装饰造型

在一个处处是文件柜和工作台的办公环境中，适当设计一些装饰景与装饰造型，对美化环境、体现企业文化形象是很有必要的（见图 4-43）。

办公空间中的装饰景与造型往往有两种：一种是从整个环境需要而设，另一种是为"遮丑"而设。前者是从大局出发，在需要的地方设置专门的壁画、装饰造型、园林小景或艺术品陈设柜；后者是因建筑结构和使用功能而产生的有碍美观的物体，如下水和排污的管道、建筑梁柱上的外加固结构等，它们直接影响整体布局，对此，如果能花些心思，化"腐朽"为神奇，使其成为装饰或者装饰兼实用的造型，应是最佳的解决方案。

图 4-43　广州保利广场 10 楼接待厅装饰壁（设计：广东省集美设计工程公司）

4.6　办公空间的家具选择与配置

在以前的装修中，家具（特指可移动的家具）往往属于工程的小部分，是作为附属项目来完成的。因为无论是用户还是装修公司，主要注意力都在装修方案上，在其定案后，家具便作为配角由施工方顺带制作，因为其费用在全工程中所占比例不大，而且那时家具商品品种不多且贵于施工单位自己做。

但现在，情况却发生了很大的变化。首先是家具制造业的高技术和规模化生产的发展，使得家具越做越漂亮，却相对越来越便宜，因为其间的装修工资已有了大幅提高，以装修工人用一般装修工具做普通家具，不是没有家具厂做得好，就是比家具厂贵。这就使得无论是用户还是施工方，在现代办公空间装修中，对那些普通的家具（如办公空间桌、椅、沙发、茶几等）大都采用选购的方式。

其次的变化是在装修日益普及的今天，用户的审美也出现了多样化，有些用户越来越喜欢简单装修，配高档的、个性化的和有特色的家具，这样，使得以前做配角的家具成了主角。这些个性化的家具，则需要专门设计、精心制作或定做。另外，现今的家具也今非昔比，不但漂亮，而且古今中外无奇不有，更不乏高贵而奢侈者，无论是其形象和气派还是其价格，如果放在一般装修之中，其主角地位也是当之无愧的。

再次的变化是在开敞式办公空间中开始流行使用单元式办公家具。这种家具是把文件柜、办公台、挡板等组合一体，形成一个紧凑的单人办公空间，可以放在各种空间中使用。这种单元式办公家具在装修中往往也起着主导作用，它通常由工厂生产，但也有一些特别风格的，需专门设计定做或由施工单位现场做。

在一般的办公空间装修中，除了固定家具之外，还有一些家具是要专门设计和制作的（当然也可以定做，但定做家具却可能会贵于自己做），这是特定位置的定尺家具和有特殊功能要求的家具，如异形的台、柜和茶几，还有可以多功能组合使用的会议桌等（见图4-44）。

作为办公空间的家具，不管是"主角"还是"配角"，也不管是设计还是选配，其关键：①要符合使用功能；②结构和用材合理，安全耐用；③其造型要符合单位形象且美观大方；④其形色与整体环境的关系要恰当。下面从这4方面来阐述。

4.6.1 办公空间家具的使用功能

办公空间家具的使用功能，主要是符合人机功能和便于工作两个方面。

■ 符合人机功能

这是要使人身体的各部分在使用时都舒服、方便和安全。前提是确定使用对象和使用方式。因为不同种族、地区、性别、年龄的人，身高和身体的各部位尺寸会差别很大。如我国山东等地成年男子的平均身高为1.69m，女为1.58m；而云贵川等地成年男子的平均身高却只有1.63m，女为1.53m（见图4-45）。

在世界范围内，这种差距就更大，因此，同样的家具在不同的地区，或者为不同的人使用时（如不同性别、年龄等），往往应有不同的尺寸。

另外，就是同样的使用对象，因不同的使用方式，家具还应有不同的要求。如同是坐椅，办公椅和沙发在材料和尺度上完全不同，这是因为前者主要是用于严肃认真工作，而后者主要用于放松和休息。其他家具也如此，如饭桌需比办公桌稍高，这是因为人在吃饭时，腰身稍直，便于消化；而在办公桌上书写时，一般身体要稍向前倾，而电脑桌稍低，是因为桌面要放电脑和电脑键盘应在使用者坐着最顺手的位置。这样的例子还有不少，只有在家具的设计和选用中，就具体问题具体分析和解决。

■ 便于工作

要让使用者便于工作，除上述之外，还须根据具体工作要求，考虑家具的结构和形式。如收银柜台，其抽屉要便于放和取各种面值的钞票，桌面要有足够的位置放收银机和各种信用卡机，还应有写发票的位置。如果是办公桌，便要考虑其使用者所用的设备或工具及所储存资料的方式（如是用电脑还是用画图板？是需存放图纸、文件还是磁碟等）。目前，为满足各种使用功能而设计的家具层出不穷，如可随意升降的多用途办公椅、把电脑放在桌面以下的办公桌等，都是为了便于工作或适应各种特殊用途的。

4.6.2 办公家具的结构与用材

家具除了好用之外，还应有合理的结构和好用、耐用的材料构造，只有这样才牢固、经新、安全和易于搬动。目前，办公空间家具的构成材料如下。

■ 原木家具

原木家具是传统家具的延续，但许多造型也已现代化了。原木家具有两大类：一类是用常见木材如东北松、美国杉、美国松等制作，造型也比较简洁朴实，价格适中，走的是中档和普及路线；而另一类是用较珍贵的木材制作，如红木、榉木、象牙木、酸枝木、紫檀木等，因为这类原木越来越少，是目前档次较高的家具原材。原木家具的特点是自然、大方、高雅，由于原木越来越稀少，其身价便越来越高，因此这类家具还有升值的潜力。但这类家具价

图4-44　东莞鸿禧中心会议室（一）[设计：彭浩强（广州大学）]

图4-45　东莞鸿禧中心会议室（二）[设计：彭浩强（广州大学）]

格较高，且常常会有色差、裂纹、木节等瑕疵，处理不好的还会变形。因此设计或选购这类家具时，应作长远投资的打算，要不用，用则用好的。因为劣质者，不但不自然、高雅，而且还会因开裂、变形而引来诸多麻烦。

■ 胶合板家具

胶合板家具包括夹板、中纤板、高密板、刨花板等，是目前用得最多的办公空间家具。优点是取材和制作容易，既适合工厂大批生产，也适合施工单位现场制作，材料不变形或少变形，饰面多样且色泽均匀，饰面还可漆各种油漆或贴各种材料（如防火板、金属板、皮革等），还可做各种造型（如弧形、几何形等）；缺点是过于普及，且越用越多，易于贬值。还有，因胶合板质重且较松脆（主要是胶水本身重且脆），所以其家具的螺丝连接点，特别是活页连接等常活动的受力点往往容易松脱，制作时要专门加固。

■ 金属家具

目前常见的金属家具多为薄铁喷漆的，可能是铁在刚硬度、易加工（包括可塑性和易焊接）且经济性方面较适合作家具。有些带防潮防腐要求的，如厨房家具等，也有用不锈钢等材料制作。这类家具通常是工厂生产的批量产品，因材料特性和结构需要等原因，许多部件均须冲压成型，模具费用投入较大，只有批量生产才合算。可能是金属家具的生产受制约较多，而家具又是个性化产品，批量太大则不易销售，所以至今这类产品发展较慢，一般多为简易型或功能性产品（如电脑台、图纸柜等）。这类产品的优点是价格较低、重量轻，而且同样体积却容量大。缺点是款式少、造型生硬、材质缺乏亲切感和实在感。

■ 多材质家具

多材质家具即同一件家具，主材同时由金属、木材、胶合板、玻璃、塑料、石材、人造革或真皮等两种以上的材料构成。这类家具因能以不同材料满足人对家具不同部位的不同要求（如接触身体部分要柔软，框架部分要刚硬等），所以发展很快，目前坐椅类几乎全是这种产品，而且有不少台和柜子也都或多或少地用这种方式制作。这种家具质感丰富，且可取各材料的优点，所以无论在形式、用途、使用效果，还是价格比方面都有相当的优势。但应注意各材质组合的必要性和协调性，不要过于花哨和牵强。

4.6.3 家具的形式与单位形象

办公空间室内设计，其中的一个重要任务就是塑造单位的形象，而家具作为其中重要的部分，起着不可忽视的作用，因而家具的形式，不但要美观实用，而且还应与用户的业务性质和应有的单位形象一致，并在其中起到协调或点缀的作用。要做到这点，在办公空间家具的设计和选用时应注意以下几点。

（1）办公空间家具应以实用简洁为主。因为办公空间家具主要为工作所用，采用实用简洁的家具更可体现单位的务实作风和效率。一些过分雕琢、造型复杂或艳丽的家具，在普通办公空间中使用会使人觉得缺乏时代感或实在感。但领导办公空间可根据本人品位来决定。

（2）根据单位业务性质及个性特征选择造型适合的家具。首先是符合行业特征，但应避免"同行同样"。应在有行业特征的前提下，设计或选择能体现本单位形象的独特风格。如使用雕花的中西式家具，虽然一般行业的办公空间不太适合，但若用在文物或有传统特色的单位，却能加强其业务形象。一些造型活泼奇特的家具，若用在时装设计或广告公司，会使人有新颖和充满活力的感觉（见图4-46）。

（3）不同的形和色具有不同的情调和象征，如红色象征热烈，白色象征纯洁和单纯，绿色代表大自然，蓝色具有冷静理智的特征等。形也具有相同的特性。这方面有专门的书籍阐述，本文无须再赘述。在设计和选择家具时，除了对其使用功能进行设定和选择外，还应把其形色作为塑造整体形象的元素，就如同音符可以谱写曲调一样。

4.6.4 家具与环境的关系

家具与环境可用统一协调的方式处理，也可用对比的方式处理。

■ 统一协调

家具形、色的设计与选择，如果采用与环境统一的手法，首先应考虑全环境的对比关系是否足够。若缺乏对比，全环境则会单调平淡，无精打采；若全环境的对比关系已足够，那么，其家具的设计或选择可考虑用统一协调的方式处理，即尽量不突出家具本身的造型与色彩（见图4-47）。

统一协调是相对的：因环境中已存在对比关系，所以家具的协调，只是与某部分关系的协调，如与立面或平面协调等，这实际是在加强此部分在全环境中对比关系的分量。而且所谓协调，也是相对而言的，因为家具造型毕竟是独立的，只能让其形式与风格尽量与立面或平面造型相近，颜色上也尽量追求一致。

图 4-46　ACACIA 旅行社办公空间 [西班牙]（设计：MARTA ORTEGA BATLLE，摄影：Eugeni Pons）

图 4-47　LABOTRON 办公空间 [西班牙]（设计：PEP ZAZURCA，摄影：Eugeni Pons）

■ 家具的形、色成为协调环境的因素

这是让家具的形和色处在环境各部分对比关系之间，使其起到过渡的作用，以加强全环境的协调气氛。例如就颜色而言，环境是深色地面和浅色的立面、天花的对比关系，那么如果选用中间色的家具，便可让其颜色在地面和立面、天花之间产生过渡关系，增加全环境的协调。在形态方面，例如原来的环境是简洁的平面天花、立面和造型丰富的地面已形成强烈的对比，那么，如果家具的造型，选用同时具有与平、立面和天花相近的形态元素，并让其造型的复杂程度处于中性，则对协调全环境造型能起到很好的作用（见图 4-48）。

■ 对比

如果家具与环境采用对比方式，则应考虑其对比是否协调。首先，对比是有限度的，超越限度了就会不协调。如厚重的家具和轻巧的装修，或反之，都可以在形式上形成对比关系，但若其厚重和轻巧太极端化，便会使两者格格不入，不协调了，其他如动静、色彩、形状的对比亦然。其次，让强烈的对比关系协调的一个常用办法，就是增加呼应的关系，如"万绿丛中一点红"，只是这一点红突出，其实不如"万绿丛中几点红"更自然和好看，因为后者比前者多了呼应（见图 4-47）。再有，风格的不统一也容易不伦不类，如西式装修配中式家具或中式装修配西式家具，都是很难协调的。只有少数经过精心处理其呼应关系的设计可以例外。

图 4-48　THOUVENIN STUTZER EGGIMANN & PARTNER 办公空间 [瑞士]（设计：HEMMI-FAYET ACHITECTS，摄影：Hannes Henz）

4.7 办公空间的色彩设计

办公空间设计的任何造型或布置均以形和色彩来展现。前面所讲绝大部分是造型，在此，我们再谈谈其用色。用色主要体现为对色的选择和色彩的组合。色与色所构成的关系，就是色彩。办公空间设计中的色彩选用和配置就是色彩设计（见图4-49）。

色彩是一种既简单而又非常复杂的现象。其简单是因为所有的颜色都只由红、黄、蓝三原色构成（也即用三种色可调出任何色），其复杂则是三原色可通过不同的彩度（色相）、纯度（饱和度）和明度构成不同的可见色，竟达三万余种，而这些颜色之间所构成的关系，便更是千千万万和千变万化了，但这方面的研究已在"色彩基础"和"色彩构成"等书中有充分的论述，本书篇幅所限，就不再作太多地阐述了，在此仅就办公空间的色彩设计做一些提示。

4.7.1 色彩的象征意义

我们平常所见种种颜色均来源于日光中的七种色光。所谓不同的颜色，只不过是不同的物质对这七种色光的反射和吸收不同罢了。比如红色，就是因为红色的这种物质（即形成红色的这种物质，如颜料）只反射红色光，而吸收其他光，其他颜色亦然，当某种物质反射全部色光时便是白色，吸收全部色光时便是黑色。

不同颜色对人具有不同的象征意义，这是因为颜色的光波长度和亮度不同而导致的。如红色光波最长，其光波的穿透力也最强，具有热量感，是最使人兴奋的暖色；蓝色的光波较短，穿透力也较弱，是给人清凉和冷静感觉的冷色；黄色是光波较长而且亮度最高的颜色，所以是最醒目的颜色。其他颜色的冷暖和亮度感适中，因其光波长度、亮度和纯度的不同，也具有不同的特征和象征意义，简单归纳如下。

■ 红色

高纯度红色是最热烈和兴奋的颜色，往往使人联想到红旗、热血、革命和喜庆；但低纯度而明亮的红色，则有甜蜜和娇嫩的感觉，有如胭脂和婴儿的皮肤；而深红色则具有深沉和壮烈的特点，有如凝固的血迹、浓浓的葡萄酒和高贵的红宝石，往往使人联想到沉着而刚烈的男子汉、落日后的红土地和冬季的红叶（见图4-50）。

■ 橙色

橙色的光波长度稍短于红色，但比红色明亮，其亮度仅次于黄色，但光波却比黄色长，所以是既温暖又明亮的

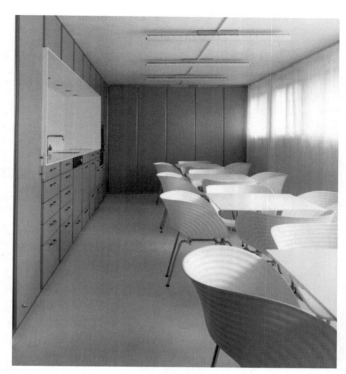

图4-49　THOUVENIN STUTZER EGGIMANN & PARTNER 办公空间［瑞士］（设计：HEMMI-FAYET ACHITECTS，摄影：Hannes Henz）

图4-50　AC MARTIN PATNERS,INC. 办公空间［美国］（设计：AC MARTIN PATNERS,INC.，摄影：John Edward Linden）

颜色，有如明亮的火光和秋天的果实，给人以欢乐和充实。纯度低的橙色，具有皮革、原木的感觉，既朴实又华美（见图4-51）。

■ 黄色

黄色是彩色光波较长者中亮度最高的颜色，光辉灿烂，常用于象征华贵和光明，特别是深浅黄的组合，有金光闪烁感。纯度低而浅的黄色具有奶油和柔和的光感，十分温馨宜人，是装修中较常用的大面积颜色；纯度低而深沉的黄色，具有黄土和硬木的自然色调，是一种朴实、沉着而不乏华美感的颜色。

图 4-51 SANITAS S.A.DE INVESIONES 办公休闲区［西班牙］（设计：ORTIZ-LEON ARQUITECTOS，摄影：Jordi Miralles）

图 4-52 THOUVENIN STUTZER EGGIMANN & PARTNER 办公空间［瑞士］（设计：HEMMI-FAYET ACHITECTS，摄影：Hannes Henz）

■ 绿色

绿色是最具生气和自然气息的颜色。淡绿色，春气盎然，生机勃勃；中绿色如同草坪和树林，充满活力和安宁；深绿色具有坚实深沉的生命感。纯度稍低的绿色，具有优雅柔和的自然感。绿色也是和平和环保的代表色。

■ 蓝色

蓝色是光波较短且最"冷"的纯色，具有冷静清凉的感觉。浅蓝色，往往使人联想到晴朗的天空和清澈的湖水，具有宽阔宁静的空气感；深蓝色，常使人联想到夜空和深海，深沉而开阔，冷静而严肃；同时蓝色还是理性的象征，因而常被用于技术和科学的代表色（见图 4-52）。

■ 紫色

紫色光波在七个光色中最短，具有退缩和飘柔的特性，另外，其色相还可偏红偏蓝而漂游于冷暖色之间，具有一种捉摸不透的神秘感。所以紫色是一种悠闲、优雅和高贵的颜色。

■ 白色

白色是明度最高但无色彩的颜色，常使人联想到云和雪，具有明亮而纯净、纯洁而神圣的感觉。

■ 灰色

灰色是中间明度的无彩色。其浅色具有明亮的金属感（如白银、白铝），坚硬而清脆；其深色具有坚实严肃的感觉。深浅灰的搭配，有银色金属的闪烁感。

■ 黑色

黑色是最深且无彩的颜色，具有坚实、深沉和严肃的感觉，黑色、白色、灰色因其无彩性，均具有朴实、稳重的特征，适合与任何色彩搭配使用，产生丰富而调和的效果。

4.7.2 色彩在办公空间装修中的运用

研究表明，人的眼球视网膜上有对全色域（白、黑、红、绿、黄、青）接收的细胞，它们会构成人对色彩的感觉和需求。从生理角度讲，这种需要如果过长时间得不到"满足"时，便有"饥饿"感；若过度"满足"时便会厌倦（如吃喝类似的感觉）。人看多了某种颜色会觉得单调，便会希望看其对比色（以满足视网膜感色细胞的全色域需求），那么，再结合前面所讲的色彩特性，便可大致得出这样的结论：即作为工作场所的办公空间，其色彩应能使人冷静但不单调为宜，因为斑斓的色彩易使人疲倦，过于单调则会使人的感色细胞"饥渴"而不得安宁。因此，目前国内外流行的办公空间装饰用色基本上有如下 4 种搭配：①以黑白灰为主再加 1～2 个较为鲜艳的颜色作点缀（见图 4-53）；②用自然材料的本色为主，如原木、石材等（这类材料的颜色通常较柔和），再配以黑白灰或其他适合的颜色；③全装修和家具都用黑白灰，然后靠摆设和植物的色彩作点缀；④用温馨的中低纯度的颜色作为主调，再配以鲜艳的植物作装饰。这些色彩搭配基本上是遵循简朴而不单调原则的，以下我们分别论述其特点。

■ 以黑白灰为主调加1~2个鲜艳的颜色

这是一种易于协调而又醒目的配色，因为这是既鲜艳而又不会花哨的配色。但应注意所选的颜色，因为它特别夺目，所以无疑是环境和企业形象的代表色，因此定要根据色彩的象征意义和形象需要严格选用。如机械工业的办公空间，选用粉红粉绿的颜色，便会使人对其产品有不够坚硬耐用的感觉（见图4-54）。相反，经营食品的办公空间，如选用深蓝或深紫色，便可能会使人觉得其食品生硬苦涩。

■ 以自然材木（或石材）色作为主调

这类颜色虽然较柔和，但其色彩的象征性仍是一样的，只是程度稍弱罢了（见图4-54），所以，选色时首先应注意此点。如浅黄色的枫木、白橡木、象牙木，优雅柔和，较适合装饰一些高雅新式的办公空间；而深色的柚木、红木，则适合装饰一些较严肃和传统的办公空间。石材也同理，浅色的如汉白玉、大花白、爵士白、金米黄、木纹石等优雅清爽，而印度红、宝石蓝和各类黑石，则严肃庄严；而黑白和深浅相间，则能显示出多性格和醒目的效果。其次，自然材料，若配以适合的人工颜色，也可以产生美妙的效果，如目前较流行的浅黄色原木配灰绿色哑光漆，就很有自然美（大概是木与叶的再现）。另外，应注意其明暗的对比关系，因自然材料的色相、纯度和明度一般属中性，所以如能配以黑白或明度与黑白相近的颜色作衬托，则可更醒目和有精神。

■ 全部装修和家具只用黑白灰色

这是一种优雅和理性的用色。但在同一个环境中，黑白灰色的使用比例不同，其性格特征也会有所不同。如白色为主衬以黑色和灰色，有清雅、纯净和柔美的感觉；以黑色为主，衬以少量白色和灰色，有稳重、严肃和深沉的感觉；而以灰色为主时，则有朴实和安定的感觉（浅灰与白接近，深灰则更接近黑）。这种全部采用黑白灰色的设计，也叫"无色彩"设计，因其不突出色彩，所以其造型便分外的突出，其造型就一定要设计得新颖脱俗，否则，如果用在平淡过时的造型上，便会更显其平庸。另外，这类用色应结合摆设、布置和植物色彩构成环境，因为在使用时，如果全环境仍仅是黑白灰色的话，难免有单调和忧伤感，即使主人满意，其客人也未必会喜欢。

图4-53 UNIFIELD FIELDS 办公空间［美国］（设计：HARIRI & HARIRI-ARCHITECTS，摄影：Arch Photo.INC.-Eduart Hueber）

图4-54 ELIZABETH AFORD 办公空间［美国］（设计：ELIZABETH AFORD，摄影：Jordi Miralles）

■ 用优雅的中性色作为主调构成整个环境气氛

这种设计，色彩丰富而不艳丽，很适合一些食品和化妆品行业的办公空间。但应注意其素描关系的处理，如果处理不好，容易显得灰沉和陈旧。通常的方法是适当使用黑白色或类似的深浅色，并在饰物和植物布置时用适量鲜艳色，以活跃其环境气氛。

除以上的色彩配置外，还有现代派和后现代派的办公空间用色设计，其特点是用大量鲜艳和明亮的对比色，或用金银色和金属色。这种风格一般用在某些特殊行业的办公空间（如娱乐业、广告业等），其设计关键是如何避免在其中工作的员工过于疲劳。

4.8 办公空间设计的表达

4.8.1 设计表达的形式概述

设计表达主要有三个作用：一是设计师通过有文字和有形可依的方案，检讨自己的设计想法，并予修正直至完善；二是与用户沟通，得到认可，同时也是修改和完善的依据；三是向施工人员表达设计的意图。通常来说，通过设计分析报告（或设计说明书）—平面图—天花图—效果图—立面图—施工图—设计说明书，再加上材料及配件样板，某些图纸难以表达清晰的造型（如有机型的造型），就基本可以解决了，这也是目前使用最多的设计表达形式。

值得一提的是，一些大型项目设计的表达形式，除上所述之外，常常还会增加三维动画和某些部位的 1∶1 样板间，目的是为了让用户更深入了解设计意图，并与之沟通。而且，就设计意义而论，还有"虚"和"实"之分，"虚"者，即参加竞标的项目因为竞争激烈，所以投标者多使用精细逼真、声光并茂的三维动画及神工鬼斧的模型和 1∶1 样板间，目的就是为了中标。这其中甚至也包含着巨大的浪费，至于是否带有某些恶性竞争成分或有违环保原则就另当别论了。"实"指设计，就是已经落实的、可以实施的设计，其中的三维动画、模型和 1∶1 样板间，只要可以做出用户更满意的项目和设计成本允许，是无可非议的。但由于篇幅所限，就不多做这方面的介绍。

4.8.2 设计图的描绘及注意事项

设计的最终目的是做出一个实用、美观、独特而又新颖的办公空间。但设计并非一蹴而就的事情，在此过程中，设计师需通过构思、草图修改、正稿描绘，再反复推敲，才能定其方案，此过程需要画图来完成。另外，设计方案并非自我欣赏的艺术品，而是随时要同用户和有关人员交流，特别是遇上并不相熟或信心不足的用户，效果图便是设计构思的最好体现，也是同用户交流和给用户信心的最有力的工具，特别是一些招标项目，效果图一般更是必不可少的。

再有，设计方案实施时，也需要大量具体的图纸作施工的依据，可见效果图和图纸的重要性。以前图纸均为手工描绘，现在已是电脑时代，电脑绘图已越来越普及，并由于其精确、快速和修改容易，现已日益取代手工绘图了。至今论述手工绘图和电脑绘图的书籍已数不胜数，故本文并不打算再作赘述。在此，仅就办公空间设计的效果图及图纸的描绘和制作给予一些提示。

■ 办公空间设计的效果图

办公空间设计过程是：在完成并通过平面图后，便开始构思天花和立面方案，这时可以直接出效果图，也可先出天花和平立面图再出效果图。办公空间设计的效果图与其他装修不同，在于办公空间的装修着重功能使用，纯艺术装饰比例相对低，而且其设计的许多部位往往重复性大（如文件柜、照明、门、家具等）。因此，画办公空间设计效果图的要点是：选点要准确、材质表现要细腻、灯光渲染要优雅、饰物和植物配置要适当、装裱要精工。现分述如下。

（1）效果图之选点和选角度。前面已谈过通常办公空间的设计，装饰与变化往往集中在门面、门厅、走廊、间壁、装饰造型上，所以效果图的选点，应就其中精彩的部位和角度作表现。一般选其中几处较具特色的，认真刻画即可，宁少而精，而不要多且滥（见图 4-55）。

（2）门面、门厅、走廊、会议室往往是整个环境较重要和装饰较多的地方，所以也是效果图表现的好题材。这些位置的效果图可根据实际设计来刻画，但应适当表现得丰富和豪华。要注意办公空间设计讲求的企业形象体现，各图在风格和色调上应尽量与企业形象的主调呼应和协调。

（3）主要领导的办公空间，往往在格调上要与其他环境一致，但可以在协调的基础上，通过形态的丰富和起伏的变化增加其豪华感，必要时可适当在饰柜和一些空余的位置画一些装饰画或添加雕塑和摆设，以增强其气氛，从而也会丰富整个画面。

（4）普通办公空间的效果图。这类空间一般在整个项目中占有较大的数量和面积，每间的面积和形状也可能不同，但一般都应有一个相对统一的风格，所以可找具有代

图 4-55　东莞鸿禧中心门厅效果图［设计：彭浩强（广州大学）］

表性的一两间出图，在功能、材料、工艺、效果和造价方面更要认真推敲，原因是数量和面积大，每个部位的优劣对全项目的效果、功能、造价和工期影响也更大，所以一定要认真深入地做好一两间的方案，然后，有需要才用这些经过深思熟虑的方式和设计元素去做其他不同面积和形状的空间的效果图。

（5）效果图的表现。要注意尺度与比例、造型与透视、材料与色彩，所有这些，需要时都可作某些艺术处理和美化，但不宜离实际太远，因为使用办公空间的客户更注重实际。还有，办公空间造型和用色一般较简洁，其效果图较易显空荡和简单，但千万不要因此而无故增加线条和饰物，否则真正做出来时便会不伦不类。此时，要认真推敲一些局部的比例和起伏变化，使其达到简洁而不简单的效果。增加材质和灯光的表现力，增加饰物和植物，往往也可收到简洁而丰富的效果。效果图的描画，实际上是设计师对已设计（或构思）的平立面和天花进行立体的、直观的重现、审视和调整的过程，因为在立体和最接近真实的画面中，更易于把握整个环境的装饰效果。如果是天花和平立面图已画好再出效果图的，效果图调整之后，应同时修改平立面图和天花图。

（6）办公空间装修中，有些重复性大、影响力强的造型（如门、柜、间壁等），可作比例准确的彩色立面图，使其造型、比例、材料和色彩搭配更一目了然，既便于客户理解，也便于设计中严格推敲和施工中作依据。当然，如果时间充裕，也可既出立面图也出立体效果图，然后作反

复比较。如果是电脑出图，要做到这点是很容易的。

（7）画面的装裱。办公空间的效果图往往因装饰少而比较简洁，所以，对其进行精心装裱，往往能增加客户的信心。越是简单的效果图，越不要忽视装裱。

■ **办公空间设计的图纸**

办公空间的图纸，作为设计方案的具体化，似乎与其他装修无太大的区别，如需要精细、规范、准确、整洁等，这里就不重复了，有关室内设计制图知识，需要时也可查阅另外的有关书籍。在此，只谈谈办公空间的图纸设计的一些特点，其主要是功能性较强，修改多和重复性大，因此，应该注意如下事项。

（1）应全方位考虑各种功能关系。办公空间的使用功能密集性大，相对准确性要求也更严格，并且平立面、天花在这方面都有密切的联系，如天花的照明和空调通风与平面工作位置的关系，立面文件柜、插座开关与平面使用的关系，都有准确的工作功能和人体尺度的规定要求。作为设计方案具体化的图纸，是对所有这些作严格限定的最后工作，一定要认真、仔细和准确，并应从平立面和天花，以及家具设施等全面考虑和落实。

（2）注意细部。有些使用率高而又功能性强的位置，一定要特别注意。如电器开关位置，许多是装在门边的，但门边常常又是玻璃间壁或柜子，如何把它安装得使用方便而美观，都是要认真考虑的。有时甚至连开关的大小和位数都需认真落实。还有，插座也是一个在图纸设计时应

认真考虑的设施，因为它必须尽量地靠近工作台，还需离地面一定距离（广州地区防火安全规定：插座底线离地不得少于150mm）。要安插座，如果桌旁是一壁空墙，那当然好办。但实际上在办公空间设计中，这种情况并不多，例如旁边是玻璃间壁或文件柜，那么就有可能因一个插座的位置便要改变或调整装饰的造型。还有文件柜间隔的高度，柜门和普通门开关的方向，活动窗帘与窗帘合和窗台板的关系等，都是经常容易忽视而又会造成相当后果的细部，都要认真注意。

（3）办公空间设计中，有许多重复性大的部位，如门、间壁、文件柜、家具等，这些部位对装饰来说也许并不是重点，但在施工中，可能是大批生产的，在设计时，一定要认真研究和推敲。除了造型，还有尺度、材料、配件、结构等都是要考虑的。

（4）在办公空间设计中，甚至在施工中，因用户要求或其他原因修改或调整方案的情况很多。遇此情况时，一定要同时想到整体的关系，应及时对其他相关的图纸也作相应的修改，并应把修改后的图纸注释清楚，对修改前已晒出的图纸应予全部收回存档，避免前后图纸混用，造成下一步设计或施工混乱。

4.8.3 设计说明书

设计说明书通常分为分竞标和未定方案阶段及对设计实施阶段两种。

■ 竞标和未定方案阶段的设计说明书

竞标和未定方案阶段的设计说明书主要是给客户看的，有些会做得相对详尽，甚至可把设计可行性、构思的来源、图形的出处、世界潮流和未来发展趋势都一一列举，并图文并茂深入分析和论述，最后做成厚厚的一本装帧精美的书。不过，这种设计说明书更多的作用，其实仅是说明设计师如何有实力罢了。

如果是一些相对落实的项目，虽然也可包含上述内容，但还是应该简明扼要，否则客户并不能理解说明书的重点。

■ 设计实施方案阶段的设计说明书

设计实施方案阶段的设计说明书是对设计思想、意图和实施过程注意事项的说明，对象是客户和施工方，一般情况下，应该言简意赅，如过于冗长，别人反而因为无法深入阅读而不能找到重点和透彻理解。一般应注意以下几点。

（1）设计思想、构思与图形：如果作说明，目的是让客户和施工方理解，便于沟通和实施，所以描述的应该是实施的要素。如无必要，此项可省略。

（2）设计依据：包括建筑、消防、环保等是根据什么规范进行的，编号和文件。还有用户的主要要求重点说明、设计回应。

（3）构造要求：零线的依据，即所有高度的起点；各种结构与建筑的关系；现场与图纸冲突情况的解决办法等。

（4）施工要求：消防、防水和防潮的工艺标准，土建、装饰、水电和照明等各种材料和配件的质量与工艺标准。

（5）其他：上述之外的补充事项，如隐蔽工程的记录方式、工程日记的内容要求等。

目前，网上可下载各式的设计说明书样板很多，可根据具体项目参照。

思考练习题

1.进行平面图、天花图、效果图、立面图、施工图的设计。

2.作为"甲方"的同学，依据自己的"经营需要"对"乙方"的设计方案进行评判，然后请教师再作指导和讲评。

3.按本章的要求完成办公空间设计方案一套。

第 2 篇　设计分析

Design Analysis

第 5 章 大型办公空间设计实施案例

5.1 广州保利国际广场

设计施工单位：广东省集美设计工程公司

5.1.1 设计背景

保利国际广场占地面积 57565m²，总建筑面积约 196000m²，由两栋 33 层 165m 高、超长板式塔楼和东西裙楼围合而成，临江而建，是广州会展中心旁目前规模最大、档次最高，配套最完善的国内首家利用地下送风空调系统的生态智能超甲级写字楼。

5.1.2 设计说明

本项目属于设计深化项目，SOM 建筑设计公司已对大部分的空间做了概念方案，广东省集美设计工程公司负责各空间的内部设计。为了更好地延伸大楼的设计风格，内部深化设计同样采用简洁现代的装饰风格，如室内大面积地使用幕墙形式立面、天花采用钛科斯导光膜等，均延伸和加强了原建筑的设计精髓。

5.1.3 实施说明

全空间的主要部位采用模数化的设计概念，如 1500mm×750mm 的地面石材，1500mm×750mm 的墙面饰面板，1500mm×300mm 的天花板，1500mm 宽的竖向分缝，1500mm 宽的玻璃等。难度最大的是各平面间的对缝问题，在深化的过程中，设计单位巧妙地解决了这些问题（见图 5-1 ～图 5-19）。

图 5-1　广州保利国际广场北塔

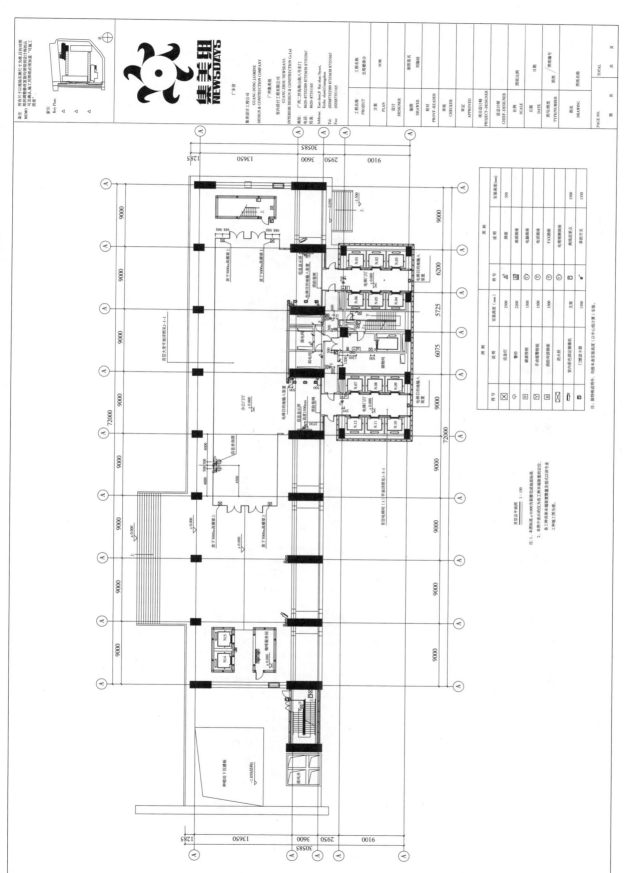

图 5-2　广州保利国际广场首层平面图

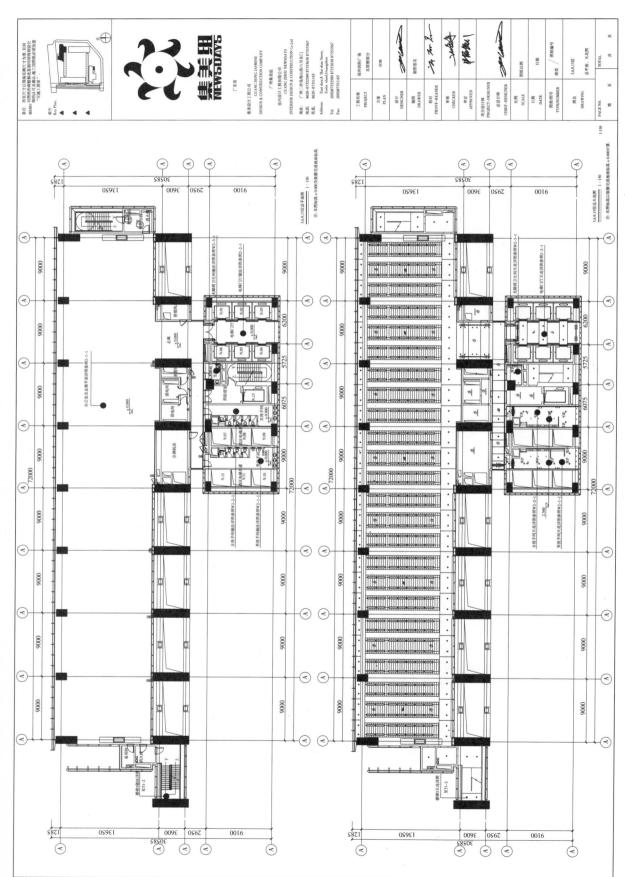

图 5-3 广州保利国际广场 3 层、6 层、9 层、15 层天花图

图5-4 大厅效果图（为了更好地延伸大楼的设计风格，内部深化设计同样采用简洁现代的装饰风格，如在室内大面积地使用幕墙形式立面、天花采用钛科斯导光膜等，均延伸和加强了原建筑的设计精髓）

图5-5 会所门厅效果图

图5-6 咖啡厅效果图

图 5-7　办公空间效果图

图 5-8　保利集团董事长办公室效果图

图 5-9　保利集团贵宾接待室效果图

图 5-10　保利国家广场会所会议室效果图

图 5-11　保利集团接待厅效果图

图 5-12　保利国际广场大堂实景

图 5-13　保利房地产集团股份有限公司接待前台

图 5-14　保利国际广场会议中心门厅实景（天花采用钛科斯透光膜，这是亨特道格拉斯建材公司旗下的一种吸音、透光的轻质天花材料）

图 5-15　保利国际广场会所咖啡厅实景

图 5-16　保利国际广场会议室实景（一）

图 5-17　保利国际广场会议室实景（二）

图 5-18　保利国际广场会议室实景（三）

图 5-19　保利国际广场会所员工办公空间实景

5.2　某投资有限公司

设计施工单位：广东省集美设计工程公司

5.2.1　设计背景

该公司位于广州保利国际广场南塔 10 楼，楼层为国际标准 4.1m，使用面积 1691m²，业务性质为金融投资。

5.2.2　设计说明

本空间处于宽敞而风景优美的现代化大楼之中，设计师充分利用这种天然和建筑原有的优势，并结合金融投资的精准、远见、运筹帷幄的经营理念，以现代构成的手法塑造了一个简洁、新颖、视野开阔的办公空间。

5.2.3　实施说明

同样是采取模数化的设计概念，使看似简单的各种不同材料的方块造型，充满韵律感。天花以窄长的凹槽分割，使其产生较大面积的方块造型，以丰富造型韵律，而藏于凹槽之中的格栅射灯，不但可以满足照明需要，而且具有优雅感（见图 5-20 ～图 5-32）。

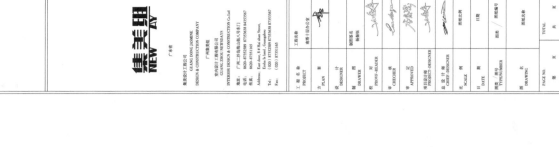

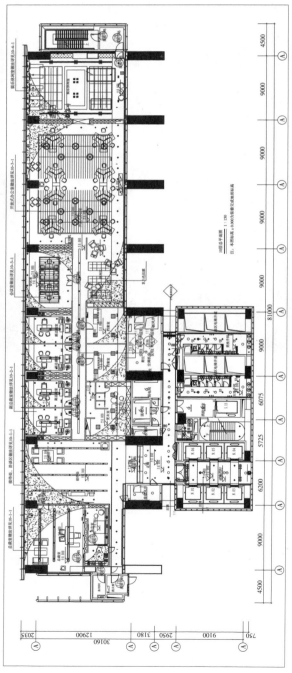

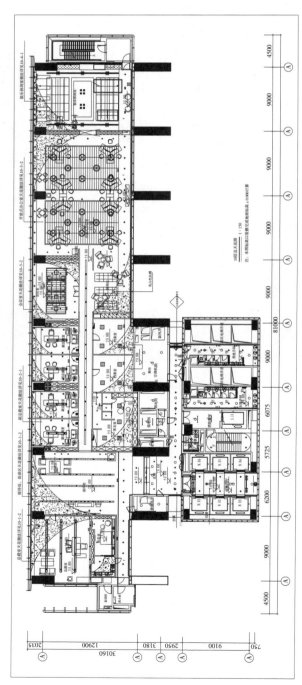

图 5-20 平面图和天花图

图 5-21　总裁办公室效果图

图 5-22　投资公司的办公空间效果图

图 5-23　接待厅效果图（采取模数化的设计概念，使看似简单的各种不同材料的方块造型，充满韵律感。天花以窄长的凹槽分割，使其产生较大面积的方块造型，以丰富造型韵律，而藏于凹槽之中的格栅射灯，不但可以满足照明需要，而且具有优雅感）

图 5-24　健身室效果图

图5-25　接待厅实景

图 5-26　总裁办公室背柜与办公桌实景

图 5-27 总裁办公室局部实景

图 5-28 总裁办公室的洽谈区实景（设计师充分利用外景的良好视野，结合具有韵律感的方块造型，塑造了一个简洁、宽敞的现代办公空间）

图 5-29　办公空间走廊实景

图 5-29　办公空间走廊实景

图 5-30　员工办公空间实景（设计师专门设计的采用 LED 节能光源的圆环灯具，既满足了办公空间的照明功能，还通过反射光在天花照射出美丽的装饰光环）

图 5-31　健身室实景（天花采用钛科斯透光膜，让封闭的健身空间具有野外的氛围）

图 5-32　管理层办公空间实景（天花同样采用钛科斯透光膜，增加空间的宽敞感）

第6章　中小型办公空间设计实施案例

6.1　广州某税务办公空间

设计施工管理：黎志伟

设计施工单位：广州市天河加美装饰配套有限公司

6.1.1　设计背景

该项目为坐落市区的独立6层小楼。首层和2层，每层面积298m²，层高3.2m，主要为办税服务区；3～6层每层面积260m²，层高仅2.7m，为办公、资料存放和生活服务区，项目属旧楼改造装修工程。

6.1.2　设计说明

该项目面积不大，空间不高，每条立柱架有0.8m高的主梁，其间还分布有一些不规则的0.3～0.4m高的副梁和管道设施，所以设计除了要解决使用功能外，主要还要巧妙地利用建筑梁作造型元素，以隐藏必需的管道、线路和设施，并解决空间照明问题，塑造一个具有现代感的税务服务空间。税务的办公空间的设计特点应为相对朴实，但具有一定的现代感和科技感。

6.1.3　实施说明

实施工序为：拆除旧装修和部分间墙，加建楼梯和间墙，给排水、空调照明管线铺设，木工装修，室内外建筑装修，灯具、空调、税务设施安装等工程，工期为3个月（见图6-1～图6-14）。

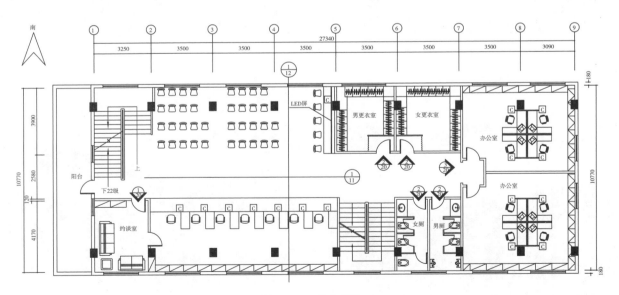

图6-1　二楼平面图

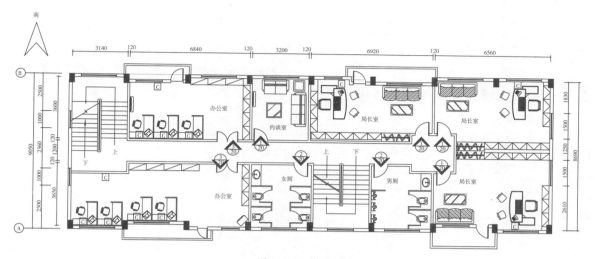

图 6-2　三楼平面图

图 6-3　外立面装修效果图

图 6-4　二楼木工装修阶段的施工现场照片

图 6-5　二楼办税厅的施工现场照片

图 6-6　二楼办税厅完工后的照片（一）

图6-7　二楼办税厅完工后的照片（二）

图6-8　一楼办税厅完工后的照片（一）（一楼进门处有一竖向的大梁，通过造型设计使其成为弧形天花，两边采用光栅式照明，兼具进入导向功能）

图6-9　一楼办税厅完工后的照片（二）（一楼税务柜台前通道的天花采用蝴蝶结形的反光灯槽造型，制造天光效果，使天花和旁边的窗户连为一体，增加了空间的开阔感）

图6-10　领导办公室（一）

图6-11　领导办公室（二）（办公室位于3层，建筑天花仅高2.7m，梁底高只有2.2m，为使空间达到最大的高度，只能外露建筑梁，通过对其表面做平直修饰并增加点光照明，塑造成装饰造型）

图6-12　外露梁的处理细部

图6-13　办公空间中的文件柜

图6-14　普通办公室

6.2　广州某金融服务公司办公空间

设计施工管理：黎志伟

设计施工单位：广州市天河加美装饰配套有限公司

6.2.1　设计背景

该项目位于市区繁华地段高层公寓楼的首层和2层，首层的过厅只有73.8m²，2层1016m²，两层的层高均为4.5m，业务性质为金融咨询和服务。

6.2.2　设计说明

该项目首层面积不大，而且业务要求需设置资料室，所剩的面积较小，但空间较高，所以设计通过铝板和反射光的结合，在满足公司业务与政策宣传、通行等使用功能的前提下，创造尽量宽敞，而且具有科技感的现代风格的空间。2层是服务厅和办公空间，服务厅是公司的主要形象体现，要给顾客以充分的信心和良好的感觉。设计以塑铝板和带导向性的灯棚结合，作大波浪式的造型天花，体现金融流通迅速顺畅的意念，同时也使整个空间更宽阔高大，通透明亮。

6.2.3　实施说明

实施工序为：拆除旧装修和部分间墙，加建楼梯和间墙，给排水、空调照明管线铺设，木工装修，室内外建筑装修，灯具、空调、金融服务设施安装等工程，全工期为85天（见图6-15～图6-27）。

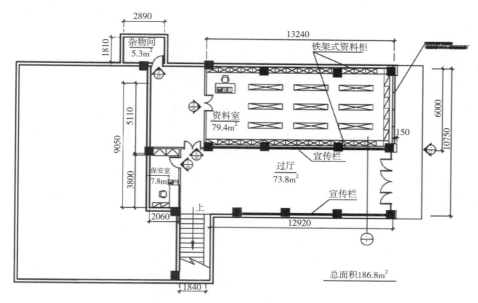

图 6-15　首层平面图

图 6-16　首层过厅

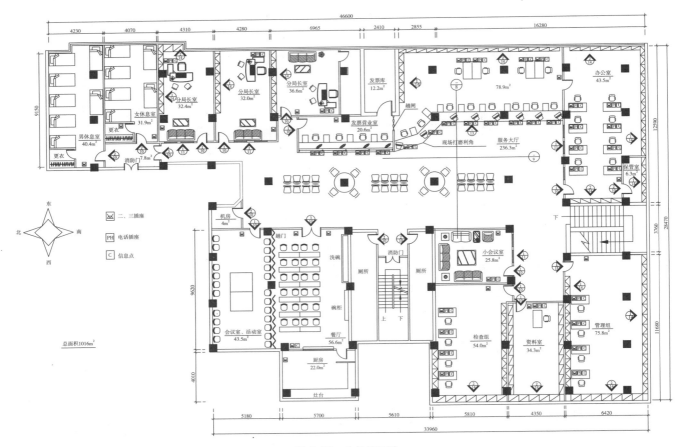

图 6-17　2 层平面图

图 6-18　服务大厅、服务柜台和结算中心

图 6-19　服务大厅天花内部的难燃木方结构

图 6-20　服务大厅封难燃夹板和安装日光灯盘

图 6-21　服务大厅同一位置的完工后的效果

图 6-22　服务大厅局部（一）（天花使用银色铝塑板饰面具有很强的现代科技感；白色的波浪飘带穿插而过，构成流畅优雅的形色韵律；立柱头采用具有机械元素的造型，增添结构的力量感）

图 6-23　服务大厅局部（二）（天花周边采用 1/4 圆弧直边反射灯槽，具有强烈的金属工艺感，白色的波浪飘带除了有效反射灯光外，还创造了行云流水的韵律感，体现了金融"财源滚滚"、迅速流动的气氛。柜台使用不锈钢板饰面，经久耐用且给人以坚固安全的感觉。柱子采用暖灰色的石材饰面，既自然又坚固，下部是黑色花岗石的圆形写字台，便于顾客填写单据使用。结算中心柜台地脚线和写字台面选用黑色花岗石，可以为整个空间的银色、白色调增加色彩对比度，给人以更精神、更醒目的感觉）

图 6-24　服务大厅天花局部

图 6-25　办公空间装修简洁

图 6-26 办公空间中的文件柜

图 6-27 办公空间的门（以原木和不锈钢结合，塑造自然而又具有现代科技感的简洁风格）

6.3 艺术设计个人工作室

设计并提供案例：黎志伟

6.3.1 案例的背景

城市交通拥堵，使人们出行越来越耗费时间，网络技术的普及又使得以前需要若干人员现场合作的设计、咨询等信息处理的工作可以通过文件和图片传送完成，于是个人工作室便有日益普及的趋势。本案例为坐落市区支路旁的九层楼宇首层的艺术设计个人工作室，实用面积 69m²，层高 4m，钢结构搭建成两层，层板高 150mm，二层高 1.65m 作储物空间，首层高 2.2m。

6.3.2 案例的设计说明

本案例为首层，面积小，空间低矮，中间还有 800mm×600mm 的柱子和并置的直径 160mm 的排水管，所以设计的首要任务就是获取最大的空间。

方法一：夹层采用跌级结构，二层通道下面作首层天花的低点，储物平台抬高 100mm，下面为天花凹池。

方法二：间壁全部采用透明 12mm 钢化玻璃，并预制定位挂件，通过挂饰绘画或设计作品，解决间隔过于通透的问题，同时也增大了陈列面积。

装饰风格：全空间保留无修饰的原装水泥墙，木质项目全部采用光身夹板刷水性环保漆，照明采用 LED 筒灯，力求营造低碳、原始而又不失现代和优雅特色的工作室空间。

接待厅兼画室采用嵌入式管道 3 匹分体空调，两个房间采用 1 匹分体式壁挂空调。

6.3.3 案例的实施说明

实施工序为：拆除旧装修和间墙、加建夹层、给排水、管线铺设、地面铺设、木工装修、固定家具油漆、天花刮灰和刷乳胶漆，安装玻璃、空调和灯具，工期为 45 天（见图 6-28 ～图 6-40）。

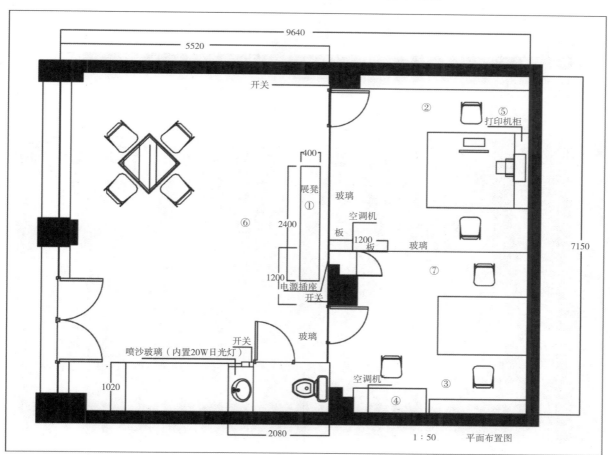

图 6-28 工作室平面图

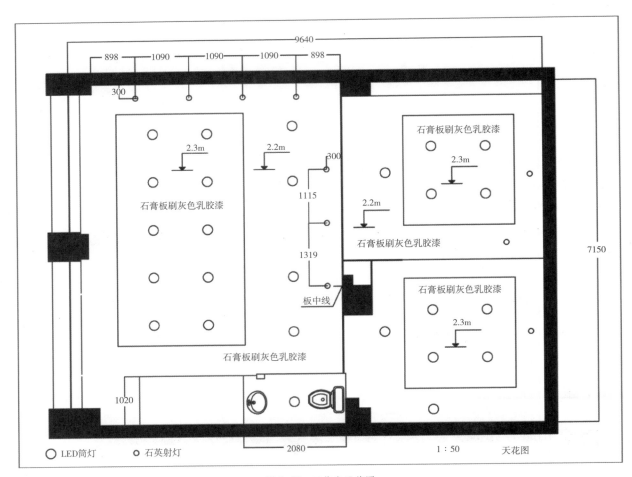

图 6-29 工作室天花图

图 6-30 外立面

图 6-31 接待厅兼画室正面

图 6-32 接待厅兼画室右斜侧面

图 6-33 接待厅兼画室正右侧面

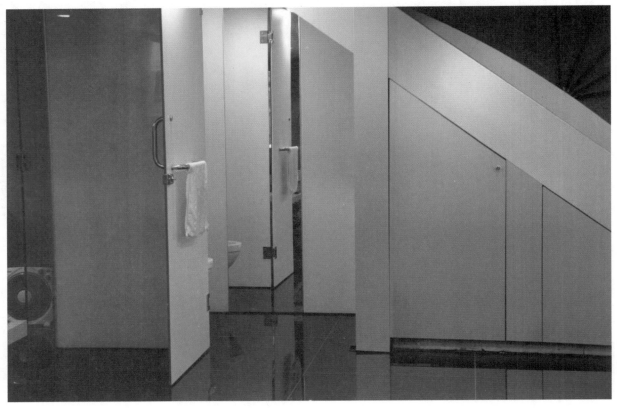

图 6-34 梯底卫生间

图 6-35　接待厅兼画室左侧面

图 6-36　设计室（办公桌和书柜）

图 6-37　设计室（设备架）

图 6-38　设计室（间壁与挂画）

图 6-39　书画室（间壁与挂画）

图 6-40　书画室（书柜与家具）

第7章 节能、LOFT、绿色、模块化办公空间设计实施案例

7.1 节能办公空间

转基因研究中心　马萨诸塞州剑桥市 [美]

设计：BEHNISCH ARCHITEKTEN

摄影：Anton Grassl

7.1.1 设计背景

该项目大楼建筑面积 34054m²，是世界第三大生物高科技公司的总部大楼。

7.1.2 设计说明

大楼采用楼顶安装自动追踪阳光的太阳能电池板和采光漫反射装置，前者为大楼提供部分供电，后者则通过中庭的从上至下角度精确的大量反光镜，把自然光送至各个办公空间，使全楼白天可以使用自然光照明的办公空间达到 75%，大大节省了照明用电。同时，该大楼还充分利用双层保温玻璃、巧妙的冷热气流导向及科学的植物种植等技术，不但使空调耗能节省 25%，还营造了一个生机盎然的室内生态环境。

7.1.3 实施说明

其建造和装修用材 90% 以上采用环保和可回收材料，50%以上的材料源自当地（500 英里内）（见图 7-1 ~ 图 7-9）。

图 7-1　大楼的外观

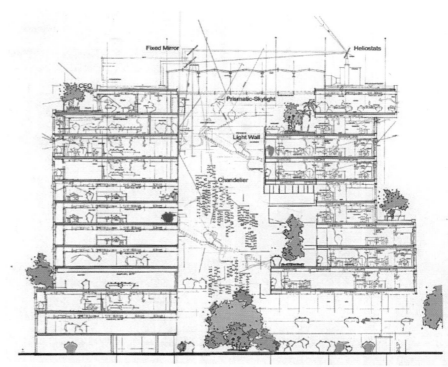

图 7-2 大楼自然采光和采光漫反射装置气流导向示意图

图 7-3 大楼中庭内角度精确的大量反光镜

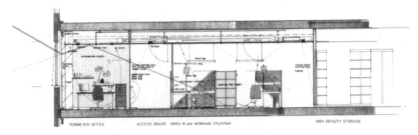

图 7-4 光照反射示意图

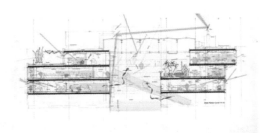

图 7-5 大楼的气流导向示意图

图 7-6 洽谈区（自然光照下，栽种了植物的中庭洽谈区，使人仿佛置身于大自然之中）

图 7-7　利于采光的、通透的办公空间

图 7-8　办公空间与接待区的一角

图 7-9　充分利用自然光的接待区

7.2　LOFT 办公空间

OLSON SUNDBERG KUNDIG ALLEN 办公室 [美]

设计：OLSON SUNDBERG KUNDIG ALLEN

摄影：BENJAMIN BENSCHNEIDER,TIM BIES

7.2.1　设计背景

该办公空间面积 1539m²，这是建筑师奥尔森·桑德博格·昆迪希·艾伦在美国西雅图市，利用一家旧鞋厂重新设计和装修的自用的建筑设计事务所。

7.2.2　设计说明

因为是自用办公空间，所以设计师可以更随心所欲地发挥自己的设计思想。这就是尽量保留旧建筑的原貌，通过空调、照明等现代设施以及玻璃间隔、地面的精心设计和选配，使其与旧材料和环境形成有趣的对比，塑造一个形式完美的办公空间。

7.2.3　实施说明

用材全部采用环保和可回收材料，尽量保持木材和金属的本色（见图 7-10 ～图 7-15）。

图7-10　设计空间（精细、闪亮的铝制空调管与陈旧的木梁楼板形成强烈对比；工作台间隔保留原木的质感和本色，与平滑的漆面地板形成对比）

图 7-11　洽谈和公共空间（玻璃、金属、原木和白墙构造出强烈的后现代艺术气氛；巨大的活动天窗，利用储存的自来水压力，可以轻巧控制升降）

图 7-12　设计空间（精细的金属和粗犷的木材对比，具有强烈的 LOFT 形式感）

图 7-13　会议室（采用巧妙而厚实的活动间隔，具有良好的隔音效果和奇妙的造型）

图 7-14　利用自来水的压力升降的活动天窗

图 7-15　以原有的工具柜改造而成的资料柜

7.3 绿色办公空间

阿尔特拉植物与土壤研究所 [荷兰]

设计：BEHNISCH ARCHITEKTEN

摄影：CHRISTIAN KANDZIA,MARTIN SCHODDER

7.3.1 设计背景

该项目建筑面积 11426m²，是荷兰环境与规划部为解决农药使用、自然灾害及土壤改良等问题与荷兰瓦赫宁根大学合作建立的研究所，瓦赫宁根大学是目前位居世界前列的农业大学。

7.3.2 设计说明

在巨大的玻璃棚屋的笼罩下，设立图书馆、会议室、餐厅、办公空间，并栽种各种供研究的植物，莱茵河水引入其中，并通过巧妙的气流科学设计，利用温室效应等原理进行自动灌溉、通风和空气调节。

7.3.3 实施说明

建筑采用钢结构、玻璃屋面和落地玻璃间隔，门窗与地面大量采用经过特殊处理的木材和天然石材。护栏采用钢网和绳网，不但节省了材料和减轻了重量，而且增加了环境的通透感和加强了自然气氛（见图 7-16 ～图 7-19）。

图 7-16 中庭的天桥（天桥穿过中庭架设，既提高了通行的效率，更便于观察、拍摄和研究植物）

图 7-17 中庭的活动光棚顶（通过温度、湿度感应器和电脑分析控制电动开闭，以达到科学控制气流的目的）

图 7-18　中庭景观（钢材、木材、玻璃的科学和巧妙运用，塑造切合主题的空间）

图 7-19　庭院中的工作和休闲空间

7.4 模块化办公空间

项目名称：阿迪达斯总部大楼［德国 Herzogenaurach］

设计：德国 KINZO 设计事务所

7.4.1 案例的背景

建筑为五层梯形和长方形组合的框形现代建筑，周边是园林，中庭设有漂亮的水景，大楼装修完工于 2012 年 7 月，可以容纳 1700 人办公。

7.4.2 案例的设计说明

一般的模块化办公空间，由于受标准化的约束，大多数从空间到造型都比较缺乏个性和新颖的形式，但作为全球商业巨子的阿迪达斯通过聘请顶尖的设计团队和技术高超的建造和制造商家，在此创造了具有自身独特鲜明风格的模块化办公空间；其以"梯形"为主调，贯穿于建筑主楼平面至室内构件和家具的造型设计，从建筑空间、家具配套形式创新，至功能与结构细节的设计均达到了同类型办公空间的新的顶峰。

7.4.3 案例的实施说明

建筑采用混凝土和钢结构结合，创造了大跨度而又轻巧飘逸的空间形式，充分体现了其品牌和产品的运动主题；室内装修采用"极简"风格，除了恰到好处的点线面分割和对比，没有多余的装饰，天花采用白色铝板挂片吊装，简洁而优雅，地面采用"自流平"（厚浆型环氧地坪涂料）无缝一次成型技术，在避免了地面缝隙藏污纳垢的同时，更显突了简洁特色，作为模块化主要部分的各种固定和活动家具，统一采用各种"梯形"元素构建，相比其他大多数以方块造型为主的模块化家具和构件，具有耳目一新的观感和更好的稳定性，同时在板材切割使用方面也不会造成太多的浪费；最绝的是其对供电、通信、网络、空调和通风等线路和管道的隐蔽处理，这背后是极为精确的定位、完善的设计、高素质施工管理和实施；全空间以白色和浅灰为主调，点缀黑色的椅子，有利于衬托其色彩缤纷的产品（见图 7-20 ~ 图 7-34）。

图 7-20　梯形和长方形组合的大楼外立面

图 7-21　大楼内部的公共走廊；据说设计灵感来源于运动鞋的鞋带

图 7-22　外立面的空气和空调交换通道口装饰（见上方横置的百叶窗）

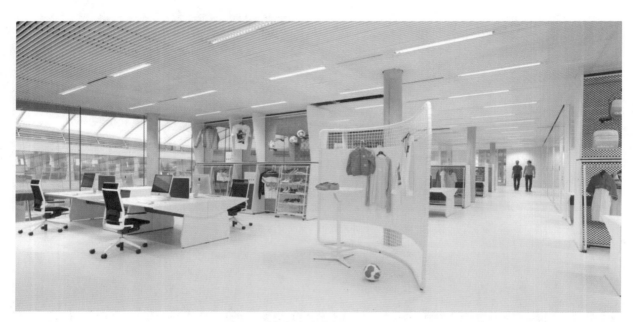

图 7-23 "梯形"元素构建的办公空间（一）

图 7-24 "梯形"元素构建的办公空间（二）

图 7-25　办公空间的分隔

图 7-26　简洁的会议室

图 7-27　会议桌的模块构造　　　　　　　　图 7-28　极简风格的文件柜

图 7-29　可调层板高度的陈列柜

图 7-30　美观实用的模块化磁贴板

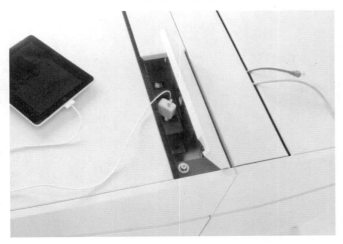

图 7-31　模块化的设有防尘封条的隐藏组合插座

图 7-32　会议桌隐藏组合插座的面板装饰

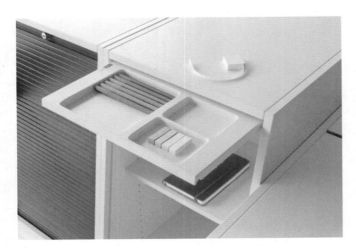

图 7-33　工作台的细部（卷帘柜门和储藏盒）

图 7-34　模块化隐藏式的台面升降机构

参 考 文 献

［1］ 黎志伟.办公空间设计与实务［M］.广州：广东科技出版社，1998.

［2］ Cristina Montes.NEW OFFICES［M］.Harpercollins，2008.

［3］ John Riordan and Kristen Becker.THE GOOD OFFICE，GREEN DESIGN ON THE CUTTING EDGE［M］.Harpercollins，2003.

［4］ 张良君.室内环境与气氛的创造［M］.深圳：世界建筑导报丛书，1992.

［5］ http://www.wangchao.net.cn/bbsdetail_80376.html

［6］ 黎志伟.办公空间形态的演变［J］.装饰，2012，11.